地质灾害防治工程勘察

徐智彬　刘鸿燕　主编

重庆大学出版社

内容简介

重庆市一般地质灾害勘察工作程序可分为六个阶段:相关资料收集、编制勘察方案、地灾勘察现场施工、勘察报告编写、技术报告的审查和后续动态技术服务。每个阶段均有一些具体的工作内容,本书从地质灾害勘察工作阶段出发,详细介绍了不同地质灾害类型下勘察工作中的内容、方法与技能。

本书的第一章主要介绍地质灾害防治工程勘察的含义、任务及内容;第二章分别介绍了滑坡、崩塌、泥石流和岩溶塌陷等地质灾害的勘察目的、任务和基本要求;第三章是地质灾害勘察的通论,主要介绍地质灾害防治工程勘察的等级划分、阶段划分和技术手段,并从不同种类的地灾角度出发,介绍了勘察技术手段的选择与勘探线(点)的布置;第四章为不同地质灾害防治工程勘察设计,介绍了设计报告具体内容;第五章是地质灾害防治工程勘察施工期间的施工管理及原始地质编录,重点介绍了坑探与钻探工程的施工管理与原始地质编录方法;第六章为地质灾害防治工程勘察的综合地质编录,包括不同地质灾害类型的稳定性评价,危险性评估、防治工程论证,最后是地质灾害勘察资料整理、图件编制及勘察报告编写。

本教材对地质灾害勘察的方法、原始地质编录等介绍得非常的详细与全面,适合高职院校的学生学习及技术人员的培训。

图书在版编目(CIP)数据

地质灾害防治工程勘察 / 徐智彬,刘鸿燕主编. --
重庆:重庆大学出版社,2020.5
高职高专煤矿开采技术专业及专业群教材
ISBN 978-7-5689-1786-5

Ⅰ.①地… Ⅱ.①徐… ②刘… Ⅲ.①地质灾害—灾
害防治—工程地质勘察—高等职业教育—教材 Ⅳ.
①P694

中国版本图书馆 CIP 数据核字(2019)第 182855 号

地质灾害防治工程勘察

徐智彬　刘鸿燕　主　编

策划编辑:周　立

责任编辑:陈　力　邓桂华　　版式设计:周　立
责任校对:刘　刚　　　　　　责任印制:张　策

*

重庆大学出版社出版发行
出版人:饶帮华
社址:重庆市沙坪坝区大学城西路 21 号
邮编:401331
电话:(023)88617190　88617185(中小学)
传真:(023)88617186　88617166
网址:http://www.cqup.com.cn
邮箱:fxk@ cqup.com.cn(营销中心)
全国新华书店经销
重庆华林天美印务有限公司印刷

*

开本:787mm×1092mm　1/16　印张:12.75　字数:321 千
2020 年 5 月第 1 版　　2020 年 5 月第 1 次印刷
印数:1—2 000
ISBN 978-7-5689-1786-5　定价:39.50 元

前言

重庆市是我国地质灾害严重、受威胁人口较多的地区。每年因地质灾害造成人员死亡 40~60 人,直接经济损失 3 亿~4 亿元,占全市自然灾害总损失的 20% 以上。这已严重威胁着人民的生命财产安全,影响人民的生产、生活,制约经济社会的可持续发展。考虑到重庆市统筹城乡综合配套改革和建设长江上游地区经济中心的战略、重庆经济社会发展、重庆市三峡库区建设,尤其是蓄水后的库区地质灾害防治工作等对地质灾害防治专业人才的需要,为培养高端技能型地质灾害防治人才,重庆工程职业技术学院于 2008 年开办了地质灾害防治技术专业。

根据该专业人才培养方案,专业课程设置中开设了地质灾害防治工程勘察课程。由于缺乏同类教材,按照专业建设"工学结合"人才培养模式的要求,通过对地质灾害防治工程专业的岗位群、职业岗位能力、岗位典型工作任务进行分析,结合高职学生的特点和工作需要,编写了本教材。

本教材按地质灾害防治勘察工作的一般程序,以"实用"为宗旨、以培养学生的岗位能力为原则对课程内容进行选择和编排,摒弃过于理论化和抽象化的内容,突出实践性、可操作性。本教材将本学科的发展趋势及实际工作中的新技术、新规范等纳入其中,具有前瞻性。

本教材文字表述简明扼要,内容展现图文并茂,重点突出,旨在提高学生学习的主动性和积极性。

本教材是在徐智彬老师搜集了大量与地质灾害防治工程勘察有关文献、规范和我国在地质灾害防治工程勘察领域新的研究成果、新的勘察技术等资料编写的《地质灾害防治工程勘察》课件的基础上,由刘鸿燕老师整理而成。

需要说明的是,本教材内容主要参考了《地质灾害勘察指南》和国内地质灾害勘察工作者近年来所发表的论著、新近颁布的有关规范及网络相关资料编写,可谓是汇集了无数人的科研成果和实践经验,在此,我们对相关作者表示由衷的敬意和深深的谢意。

考虑到高职高专学生就业岗位的要求,本教材"地质灾害防治工程勘察施工管理及原始地质编录"部分,主要参考了《固体矿产勘察原始地质编录规程》(DZ/T 0078—2015)并结合水文地质勘察特点编写。我们希望通过此次尝试,抛砖引玉,获取各方面的意见,不断修正内容,以使其逐渐完善。

由于本教材涉及的内容多和本课程的课时有限,要在大量的资料中挑选出适合的内容,难度非常大,加上编者知识面有限、时间仓促,书中难免有错漏和不妥之处,恳请读者批评指正。

编　者

2020 年 1 月

目 录

第一章 绪论

地质灾害作为一个地质过程,始终存在于地球演化的历史中,时刻对人类的生存及其环境产生着影响。由于人口急增,使人类需求快速增长,经济开发活动日益强烈,地质环境日益恶化;人类活动的加剧,对地质过程的影响日益显著。同时,地质灾害也在强烈地破坏人类的生命、财产和生存环境。

我国地质灾害种类繁多,在其成因上具备自然演化和人为诱发的双重性——它既是自然灾害的组成部分,又属于人为灾害的范畴。因此,在某种意义上,地质灾害已经是一个具有社会属性的问题,成为制约社会经济发展和人类生存的重要因素。

第一节 地质灾害防治工程勘察的含义、目的与特征

一、地质灾害防治工程勘察的含义和目的

地质灾害防治工程是指为防止地质灾害的发生而对致灾地质作用或致灾地质体进行控制和整治的活动。地质灾害防治工程勘察是指因防治地质灾害的需要采用各种勘察手段和方法对致灾地质体或致灾地质作用及所处地质环境进行调查、研究、分析和评价的行为。其中,致灾地质体是指可能导致灾害发生的地质体,致灾地质作用是指可能导致灾害发生的地质作用,地质环境是指与水圈、气圈和生物圈相互作用并与人类社会发展紧密联系的岩石圈的上部空间。

地质灾害防治工程勘察的目的是为防治地质灾害提供地质资料,为科学地确定地质体的特征、稳定状态和发展趋势,分析地质灾害发生的危险性,论证地质灾害防治的可能性和必选防治工程方案,最终确定是否需要治理、采取躲避方案或实施防治工程等不同对策提供依据。

二、地质灾害防治工程勘察的特点

地质灾害防治工程勘察不同于一般建筑的岩土工程勘察,它最大的特点是把对致灾地质体发育过程及其稳定性的认识置于首要地位,而不过分强调勘察工作量。地质灾害防治工程勘察的特点具体包括以下9个方面:

①重视区域地质环境条件的调查,并从区域因素中寻找致灾地质体的形成演化过程和主

1

要作用因素。

②充分认识致灾地质体的结构,并从结构出发研究其稳定性。

③重视变形因素的分析,并把它与外界诱发因素相联系,研究主要诱发因素的作用特点与强度(灵敏度)。

④稳定性评价和防治工程设计参数有较大的非唯一性,常表现为较强的离散性,需根据灾害个体的特点与作用因素综合确定,进行多状态模拟。

⑤目前尚未找到具有普遍适用性的稳定性计算方法,现有的方法都有较多的假定条件。

⑥地质灾害防治工程勘察有明显的延续性,即勘察工作结束后,后续的监测或施工开挖常常能补充、修改勘察结果甚至完全改变原有结论。

⑦地质灾害防治工程勘察方法的选择强调应用经验与技巧,寻求以最少的工程量和最低的投入获得最佳的勘察效果。

⑧勘察工作量确定的基本原则是能够查明致灾地质体的形态结构特征和变形、破坏作用因素,满足稳定性评价对有关参数的需求。一般是依据致灾地质体的规模、复杂程度和勘察技术手段的效果综合确定。

⑨地质灾害勘察队伍的地质技术人才、设备和资质是实现勘察目标、选择合理勘察方法和优化勘察工作量的关键。

第二节　地质灾害防治工程勘察的任务和内容

一、地质灾害防治工程勘察的任务

地质灾害防治工程勘察的最终成果是《地质灾害防治工程勘察报告》,要能够满足编制地质灾害防治工程可行性研究报告对资料的要求。

该成果一是为建立我国"地质灾害防治勘察规范"奠定理论基础和提供实践检验依据;二是作为政府管理部门规范地质灾害勘察工作的参考依据;三是为地质灾害勘察成果的信息化、数字化和标准化奠定基础;四是通过地质灾害勘察实例,逐步深化认识、渐进地提高社会各阶层的防灾、减灾意识,主动、自觉地为保护地质生态环境服务。总结各种地质灾害勘察的实例,所有的地质灾害勘察的目的就是解决下面3个问题:

①查明致灾地质体的特征及其形成的地质环境、自然演化过程或人为诱发因素,即查明地质灾害防治工程勘察的对象是什么(What)的问题。

②分析研究致灾地质体的成因机制,建立地质概念模型和地质力学模型,即解决为什么(Why)的问题。

③预测致灾地质体的发展趋势,评价其对人类生存发展的危险性,即回答未来怎么样(How)的问题。

二、地质灾害防治工程勘察的内容

地质灾害防治工程勘察是用专门的技术方法分析地质灾害状况和形成、发展条件,并对致灾体进行稳定性评价,分析地质灾害发生的可能性,或对一次地质灾害事件或一个地区的地质灾害进行危险性评价、易损性评价和破坏损失评价,通过分析、对比不同地区、不同时间、不同种类地质灾害程度,为规划、部署、实施地质灾害防治工作提供科学依据。勘察的内容主要有以下6个方面:

①区域调查。主要调查地质灾害形成区域的地形地貌和地质环境,特别是新构造期以来的地球表层动力地质作用。

②具体致灾地质体调查。采用工程手段和简易监测方法,勘测致灾地质体的形态、结构和主要作用因素及其变化等,采用地质历史分析法综合评价其稳定性。

③室内外试验。根据稳定性评价的需要,有目的地在适当位置开展现场原位试验,采取样品进行室内试验。

④成因机制分析、研究模拟和稳定性评价。综合分析致灾地质体的成因机制,提取正确的地质模型,开展物理模拟和数学模拟,并进行定性分析和定量评价。

⑤灾情调查。主要查明地质灾害已经造成的危害,如人员伤亡、直接经济损失、间接经济损失和对生态环境破坏的影响等。

⑥进行防治工程的可行性论证,提出防治工程规划方案。根据灾情调查和勘察评价的结论,作出未来灾害危险性预测,初步提出并论证治理与否、搬迁躲避与否或综合方案的依据、布置与工程概算。

第三节　地质灾害防治工程勘察的研究内容和意义

一、地质灾害防治工程勘察与其他学科的关系

地质灾害防治工程勘察是在专业基础知识学习之后开展的,也就是前导开展的课程应有:矿物与岩石的鉴别、古生物地史分析、地质构造判断与分析、工程地质分析与应用、工程岩土分析与应用等。而地质灾害勘察又是后续的地质灾害防治设计、地质灾害防治施工的基础。因此,关于地灾防治的设计和施工课程应该在勘察之后。

地质灾害防治工程勘察还与计算机技术、数学技术、勘察技术等技术学科密切相关,与管理学、经济学等社会学科紧密联系。

二、地质灾害防治工程勘察主要的研究内容

本课程主要学习地质灾害勘察的种类和一般要求、勘察的技术基础、各种地质灾害勘察的设计、地质灾害防治勘察施工管理及原始地质编录、综合地质编录等。

三、学习地质灾害防治工程勘察的意义

(一)地质灾害防治工程勘察是利国利民的重要基础技术工作

我国是地质灾害多发的国家,地质灾害种类多、分布广、活动频繁、危害重,是世界上地质灾害最为严重的国家之一。每年因崩塌、滑坡和泥石流等地质灾害造成的死亡人数占自然灾害死亡人数比例较大,造成的经济损失达数百亿元甚至更多。例如,2010年8月7—8日,甘肃南部的舟曲($33°49'N$、$104°22'E$)及其周边地区出现了一次局地性强降水,短时强降水引发

了罕见的特大泥石流灾害,造成 1 456 人死亡、309 人失踪,直接经济损失逾亿元。

党中央、国务院高度重视防灾、减灾工作,先后多次召开会议和下达文件强调防治地质灾害是强国、富民、安天下的大事,并要求把地质灾害防治工程勘察工作作为一项重要工作来抓:

①从 1988 年起,地质环境监测评价、监督管理和地质灾害防治工作已被列为地质灾害行政管理部门的一项重要职责。

②1999 年,国土资源部颁布实施《地质灾害防治管理办法》,全国已有 19 个省、市、自治区颁布实施地质灾害防治方面的地方性法规和规章,建立了防灾预案、灾害速报等一系列制度。

③2003 年 11 月,国务院总理温家宝签署第 394 号国务院令,颁布《地质灾害防治条例》。

④加强对地质灾害防治工程单位的资质管理;适合国情的群测、群防体系正在建立,汛期预报、检查和应急工作也初见成效,通过预测、预报、及时避让和有效防治,大大减少人员伤亡和财产损失,取得了良好的经济效益和社会效益。

(二)地质灾害防治工程勘察是地质灾害防治专业的专业核心课程之一

从我国目前地质灾害防治实践来看,还存在以下问题:一是专业地质灾害防治技术人员缺乏,使地质灾害防治基础工作薄弱,监测网络不完善;二是地质灾害防治规划和防治方案的编制不规范;三是在经济建设活动中,忽视地质灾害的预防工作,导致人为活动引发地质灾害经常发生;四是地质灾害险情和灾情报告渠道不畅,需要建立应急机制;五是有待进一步明确政府有关部门的责任、权利和义务;六是地质灾害防治的投入机制不完善,防治资金来源需要明确。

(三)我国现有的地质灾害防治工程勘察技术水平与发达国家尚有一定的差距

我国地貌特征复杂,南北气候差异大,地质结构也多样复杂,是地质灾害的频发区域。地质灾害严重影响了国民经济发展和人民生命财产安全。地质灾害防治工程勘察技术必须要大力发展,地质灾害防治的工作需要越来越被重视。监测预警技术、防治技术等先进科学技术应用不容忽视。

如 GIS 技术,是通过对地理空间环境信息资料的收集和处理,让技术人员对某地区地质环境的相关问题有一定的了解,从而为人们提供准确的地质信息,对地质灾害的影响因素进行综合分析,这样就可以对地质灾害起到一个有效的预防作用。国内将 GIS 技术应用于地质灾害评价的工作起步较晚,但发展较快。我国已经建立了滑坡预测预、报软件系统,但国外尤其是发达国家将 GIS 应用于地质灾害研究方面已经做了很多工作。从 20 世纪 80 年代至今,GIS 技术的应用也从数据管理、多源数据集数字化输入和绘图输出,到 DEM 或 DTM 模型的使用,到 GIS 结合灾害评价模型的扩展分析,到 GIS 与决策支持系统(DSS)的集成,到网络 GIS,其逐步发展并深入应用。

在地质灾害防治工作和新技术方法上,我国的水平与发达国家尚有一定的差距,为防止和减轻地质灾害的危害,在地质学和相关工程技术同仁的共同努力下,地质灾害防治工作和对新技术方法的研究必定有长足进展。

第二章
地质灾害防治工程勘察的要求

我国的地质灾害种类繁多,共有12类48种,如滑坡、崩塌、泥石流、岩溶、地面塌陷、塌岸、地面沉降、地裂缝、瓦斯爆炸与矿坑突水、沙质荒漠化、水土流失等。滑坡、崩塌、泥石流、地面塌陷是常见的4种地质灾害,本书详细介绍这4种地质灾害的防治工程勘察。

第一节 地质灾害防治工程勘察的一般要求

地质灾害防治工程勘察的一般要求表现在招投标中,例如,甲方的招标公告、委托书(合同)等是甲方对乙方的要求。乙方的承诺书、投标书、任务书等是乙方在项目中设置的要求。除了招投标中的要求以外就是各种地质灾害防治工程勘察规范、规程、标准等规定。规范中有国家标准、行业标准、地方标准、企业规章或制度等。如《岩土工程勘察规范》(GB 50021—2017)、《滑坡防治工程勘察规范》(DZ/T 0218—2006)、重庆市地方标准《地质灾害危险性评估规程》(DB 50/139—2003)。重庆地区的地质灾害勘察要符合重庆地方标准《地质灾害防治工程勘察规范》(DB 5014—2016)。

第二节 各类地质灾害防治工程勘察的目的、任务和基本要求

一、危岩-崩塌灾害防治工程勘察的目的、任务和基本要求

(一)危岩-崩塌灾害防治工程勘察的目的

危岩-崩塌灾害防治工程勘察的目的是查明区内重大危岩-崩塌灾害,为国民经济发展规划、灾害监测预报、减灾防灾、防治工程可行性研究等提供可靠的依据。

(二)危岩-崩塌灾害防治工程勘察的基本任务

1.调查崩塌区内自然地理、自然地质环境和人为地质环境

①自然地理环境包括:气候气象条件、降雨特征、地貌特征和植被特征等。地貌特征包括地貌形态类型、成因类型和形成时代,重点研究微地貌与崩塌灾害的关系。

②自然地质环境包括:各类岩土体的岩性特征、成因类型、结构特征和地质时代,研究崩塌与岩土体岩性、结构特征的关系;褶皱、断层、节理等地质构造特征和时代,研究它们与崩塌的关系;新构造运动、地震活动性及地震烈度,研究崩塌与地震、新构造运动的关系;水文地质条件,评价岩土体的渗透性,调查研究地下水的补、径、排,以及地表水、地下水对崩塌的作用。

③人为地质环境包括:人类工程经济活动现状及发展远景规划,调查区内人类工程活动及其形成的人工地质环境和人工地质营力,分析其与崩塌及其他地质灾害的关系。

对区内本次不投入勘察的崩塌或其他地质灾害,也需进行分析评价。

2. 查明崩塌灾害体的地质要素、灾害要素、监测和防治要素

①崩塌灾害体的地质要素包括:崩塌体产出的位置、形态、分布高程、几何尺寸、体积规模;崩塌体的地质结构包括地层岩性、地形地貌、地质构造、岩土体结构类型和斜坡结构类型。岩土体结构应重点查明软弱(夹)层、断层、褶曲、裂隙、裂缝、岩溶、采空区、临空面、侧边界、底界(崩滑带),以及它们对崩塌的控制和影响,崩塌体的水文地质条件和地下水赋存特征,进行物理力学试验和水文地质试验,查明崩塌岩土体和环境地质体的地质材料特性和赋存环境,提供物理力学和水文地质参数。

②崩塌灾害体的灾害要素包括:崩塌运移斜坡与崩塌堆积体,划定崩塌灾害范围,确定崩塌派生灾害的范围。

③崩塌灾害体的监测和防治要素包括:崩塌变形发育史,进行变形监测,查明变形特征;非地质孕灾因素(如降雨、开挖、采掘等)的强度、周期以及它们对崩塌变形破坏的作用和影响;进行数值模拟和物理力学模型试验,研究崩塌体变形破坏的形式和特征,研究其稳定性和防治工程方案及效果;调查崩塌体周边环境地质体的工程地质特征,初步选择防治工程持力岩体。

3. 分析评价崩塌灾害的危险性和灾情,进行崩塌灾害防治工作论证

①在上述勘察的基础上,对崩塌灾害的形成原因、致灾因素、变形破坏机制、变形破坏特征和稳定性,进行系统研究和综合分析评价。

②进行崩塌灾害危险性分析。

③进行崩塌灾害灾情预评估,对防治工作的可能性和必要性进行论证;提出防治工程方案或思路。

(三)危岩-崩塌灾害防治工程勘察的基本要求

危岩-崩塌(图2.1)勘察应查明勘察区的地形、地貌、气象、水文、植被、地层岩性、水文地质特征、地质构造特征、裂隙发育程度及分布特征,卸荷带分布范围,应重点查明危岩体的空间几何形态、控制性结构面特征、危岩及基座变形特征,判断崩塌的方向和影响范围,分析危岩产生原因,评价危岩在可能的最不利条件下的稳定性、失稳的特征、规模及危害程度;阐明危岩防治的必要性,为防治工程设计提供地质依据。

二、滑坡灾害防治工程勘察的目的、任务和基本要求

(一)滑坡灾害防治工程勘察的目的

滑坡灾害防治工程勘察的目的是为该滑坡灾害防治论证提供地质依据。

(二)滑坡灾害防治工程勘察的基本任务

滑坡灾害防治工程勘察的任务是查明滑坡形成的地质环境条件,分析滑坡发生的诱发因素和变形机制,评价滑坡的稳定性及评估滑坡一旦发生造成的灾情,初步提出滑坡防治的方案。

图 2.1　危岩-崩塌

（三）滑坡灾害防治工程勘察的基本要求

滑坡(图2.2)勘察应查明滑坡区的地质环境及滑坡的性质、成因、变形机制、边界、规模、变形阶段、稳定状况及其危险程度；提出参与计算评价的有关岩土物理力学参数及地下水的有关参数；查明或预测危害情况；阐明滑坡防治的必要性，为防治工程设计提供地质依据。

图 2.2　滑坡

三、泥石流灾害防治工程勘察的目的、任务和基本要求

（一）泥石流灾害防治工程勘察的目的

泥石流勘察目的是为泥石流防治服务的。

（二）泥石流灾害防治工程勘察的任务

泥石流灾害防治工程勘察的任务是查明泥石流区的地质环境，全域汇水区面积及边界；泥石流形成区、流通区及堆积区的范围、特征和泥石流的危害；阐明泥石流防治的必要性，为防治工程设计提供地质依据。

（三）泥石流灾害防治工程勘察的基本要求

1. 流域自然环境

（1）流域位置

泥石流沟域经纬度位置从 1:10 000 或 1:50 000 地形图上量算，自然地理位置从地图或有关报告成果中查取。

（2）流域形态

对形成泥石流的暴雨径流影响较大，如漏斗形、栎叶形、枕叶形等形态的沟域有利于松散固体物质的启动，形成泥石流。对流域及其各支沟可用完整系数 δ 来分析其形成泥石流的可能性，δ 值越大，沟道中洪峰流量也越大，其计算公式为

$$\delta = \frac{A_b}{L_w^2} \tag{2.1}$$

式中 δ——完整系数；

L_w^2——流域长度，m；

A_b——流域面积，km^2。

（3）流域面积

泥石流流域面积在 1:10 000 或 1:50 000 地形图上，用 CAD 法量取。必要时根据勘测界线对形成泥石流的各单元和各影响因素的面积进行量算。

（4）地形地貌

相对高差（反映势能大小）在 1:10 000 或 1:50 000 地形图上量取。根据上、中、下游各沟段沟床与山脊的平均高差，山坡最大、最小及平均坡度，各种坡度级别所占的面积比率，编制地貌图、坡度图、沟谷密度图和切割深度图。

（5）气象水文

对形成泥石流有控制作用的气候特征值主要是温度和降水量。温差变化引起沟域岩石风化加剧和冰雪消融等，可直接导致泥石流。

暴雨是我国大多数泥石流产生的主要触发因素。根据沟域内或附近气象站观测资料分析统计前期降水与暴雨过程（24 h，1 h，1/2 h，1/6 h 雨强）和泥石流暴发的关系，长期观测最大值与平均值（$H_{年最大}$、$H_{年平均}$、$H_{24h最大}$、$H_{24h平均}$、$H_{1h最大}$、$H_{1h均}$、$H_{\frac{1}{2}h最大}$、$H_{\frac{1}{2}h均}$）。

根据沟域内或附近水文站观测资料，分析研究沟道洪水水位、流量、历时等特征，对于水文观测资料缺乏的小流域，可参考地区水文手册或利用附近水文站资料进行校核。

（6）植被

调查沟域土地类型、植物种属组成和分布规律，了解主要树草种及作物品种的生物学特性，为沟域进行生物防治设计提供依据。调查方法和步骤有概查、标准地调查和统计推测。

概查是指根据流域具体情况，以坡向、土壤机械组、肥力状况、地形、高程、水分、植被种群等因子划分土地类型，掌握土地类型及植物群落随地形垂直分布变化的规律性。

标准地调查是指对每个土地类型选择两个以上有代表性的标准地进行调查，分别对标准地的坡向、坡位、土壤、植物群落和林灌木地总覆盖率进行调查和测量，并填制表格。标准地投影面积：林木类为 500 ~ 1 000 m^2，灌丛为 10 ~ 20 m^2，草本群落为 124 m^2。

统计推测是指通过对同一土地类型标准的调查资料的分析，确定该土地类型植物资源的特征，进而统计推测和评价整个小流域的植物资源现状及其分布规律，并填写小流域植物资源

统计调查表。

2. 地质环境

(1) 构造

查清沟域在地质构造图上的位置,通过卫片、航片等资料和现场调查,进一步详细地划分构造体系,研究构造(重点是新构造)对地形地貌、松散固体物质形成和分布的控制作用,并确定其对泥石流活动的影响程度。

(2) 地层

查阅区域地质图等资料,熟悉沟域新老地层划分、接触关系及分布特征。在此基础上,对控制泥石流形成固体物质的老地层、构造破碎带、第四纪地层重点测绘填图。

(3) 岩性

沟域内分布广的岩层、易风化破碎的软弱岩层对泥石流固体物质具有控制作用。填绘岩性分布图。统计沟道卵砾石、岩块的岩性特征,分析其主要来源区。

(4) 地震

查阅地震图件,了解沟域地震基本烈度。泥石流活动与 6 级以上强震关系最为密切,地震活动烈度 7 度以上,会导致地表土石松动,加剧危岩崩落、山体崩塌、滑坡阻河、泉水涌流或断流、土体震动液化、堰塞湖坝溃决等,为泥石流的形成创造了物质和水源条件。综合分析未来地震活动趋势,研究地震可能对泥石流的触发作用,以及地震对防治工程场址的影响,为抗震设计提供依据。

(5) 第四纪地质史

填绘沟域内第四纪堆积物分布图,编制第四纪地层表,采集堆积物中的化石、土样进行化学全量分析、黏土矿物差热分析、孢粉分析以测定或推测各类堆积物的发育年代或新老关系,确定第四纪各阶段沟域或邻区古地理面貌,从而阐明古泥石流和近代泥石流的发育过程,为估测泥石流未来发育阶段和趋势提供资料。

(6) 松散固体物质的类型、储量及运动环境

1) 松散固体物质的类型

流域内松散固体物质大致分为自然的和人为的堆积两种,堆积物常在一定的水动力条件作用下,以多种失稳方式(常见的有坡面上的水土流失、崩塌、滑坡和河沟沟槽纵向切蚀和横向切蚀诱发的沟槽两岸切蚀等)进入沟槽。

崩塌、滑坡及水土流失的严重程度是泥石流产生的一个非常重要的影响因素,是形成泥石流的主要固体物质来源。

崩塌、滑坡及水土流失的严重程度分为 4 等:

①严重。崩塌、滑坡等重力侵蚀严重,多深层滑坡和大中型崩塌,植被覆盖率小于 10%。表土疏松,冲沟十分发育。

②中等。崩塌、滑坡发育,多浅层滑坡和中小型崩塌,有零星植被覆盖,冲沟发育。

③轻微。有零星小型崩塌、滑坡和冲沟存在。

④一般。无崩塌、滑坡和冲沟或其发育轻微。

崩塌、滑坡及水土流失的严重程度可参照航片资料根据现场调查确定等级。

人类的不合理活动可能导致或加剧河沟两岸的崩塌、滑坡的发展和水土流失过程,常见的有以下 4 种情况:

①将矿渣直接倒入沟槽内,形成不稳定高边坡矿渣堆。

②破坏河沟两岸植被。

③不合理的耕作及资源开发。

④某些工程设施不安全、不合理。

2)松散固体物质的储量

天然、人为松散堆积体严重程度标准如下:

①严重。有 30 m 以上高边坡松散堆积,总储量 $W > 1.0 \times 10^4 \, \text{m}^2/\text{km}^2$。

②中等。有 10 ~ 30 m 高边坡松散堆积,总储量 $W = 0.5 \sim 1.0 \times 10^4 \, \text{m}^3/\text{km}^2$。

③轻微。有 10 m 以下高边坡松散堆积,总储量 $W < 0.5 \times 10^4 \, \text{m}^3/\text{km}^2$。

沿沟松散物储量是影响泥石流规模的重要因素,可通过现场调查或航片分析计算确定。

3)松散固体物质的运动环境

沟岸山坡坡度是影响产沙和运动规模的重要因素,一般根据现场测量,或在 1:50 000 地形图或航片上测量 3 个以上的山坡坡度的平均值,作为判别其严重程度的依据。

河沟纵坡(I)是影响泥石流运动能量的重要因素,一般采用山口以上河段或用流通区和形成区河段的平均坡降表示,应根据现场调查结果确定,也可由 1:10 000 或 1:50 000 地形图或航片资料计算,采用分段统计时按加权平均计算

$$I = \frac{L_1 \cdot I_1 + L_2 \cdot I_2 + \cdots + L_n \cdot I_n}{L_1 + L_2 + \cdots + L_n} \tag{2.2}$$

式中　L_n——河段的分段统计长度;

　　　I_n——河段的分段坡降。

(7)泥沙沿程补给长度比(%)——决定泥石流的补给能力

泥沙沿程补给长度是决定泥石流形成规模和运动的重要条件,泥沙沿程补给长度比(%)是一个综合反映泥沙补给范围和补给量的重要参数,其计算公式为:

泥沙沿程补给长度比(%) = 泥沙沿程补给长度/主沟长度

泥沙沿程补给长度是沿主沟长度范围内两岸及沟槽底部泥沙补给段(如崩塌、滑坡、沟蚀等)的累计长度,在同一河段内同时存在几个不同补给源时,只取其中最长的一段长度计入累计长度。泥沙沿程补给长度比主要按现场调查结果计算确定,也可根据航片资料确定。

(8)沟口泥石流堆积活跃程度

沟口泥石流堆积活跃程度基本上反映了该沟的泥石流活跃程度,主要应根据沟口堆积扇和大河的相互作用确定。

沟口泥石流堆积活跃程度分为 4 等:

①严重。沟口大河对岸为非岩石岸壁时,大河河型受堆积扇控制,发生弯曲或堵塞断流,主流明显受堆积扇挤压偏移,扇形地发育,新旧扇叠置,扇面一次冲淤变幅在 0.5 m 以上。

②中等。河型无较大变化,仅主流受迫偏移,有扇形地,新旧叠置不明显,扇面一次冲淤变幅为 0.2 ~ 0.5 m。

③轻微。河型无变化,大河主流在高水位时无偏移,在低水位时有偏移,扇形地时有时无,无叠置现象,扇面一次冲淤变幅小于 0.2 m。

④一般。河型无变化,主流不偏,无沟口扇形地。

(9)河沟近期一次变形幅度(m)

河沟近期一次变形幅度是说明泥石流近期活动规模的重要因素,主要通过现场调查获得。沟槽内泥石流造成的变形幅度各段有别,计算河段选在固体物质主要供给区。如供给区因河岸崩塌发育难以测量时,也可选在流通段上。

四、岩溶塌陷灾害防治工程勘察的目的和基本要求

岩溶塌陷灾害防治工程勘察的目的是为岩溶塌陷防治服务的,勘察成果应满足岩溶塌陷防治工程方案可行性研究的需要。要求通过勘察,查明岩溶塌陷的发育历史和现状、成因、类型及其形成条件,调查研究其发育的机制和影响因素、分布规律与动态特征,预测其发展趋势,为岩溶塌陷防治工程方案的制订提供地质依据。

第三章
地质灾害防治工程勘察的技术基础知识

第一节 地质灾害防治工程勘察的等级

一、地质灾害防治工程勘察的等级划分

地质灾害防治工程勘察应划分地质灾害防治工程等级。地质灾害防治工程等级是根据致灾地质体危害对象的重要性和成灾后可能造成的损失大小进行的分级,具体见表3.1。

表3.1 地质灾害防治工程勘察分级表

致灾地质体成灾后可能造成的损失大小	××致灾地质体危害对象的重要性		
	重要	较重要	一般
损失大	一级	一级	二级
损失中等	一级	二级	三级
损失小	二级	三级	三级

(一)致灾地质体成灾后可能造成的损失大小

致灾地质体成灾后可能造成的损失大小的划分应符合下列规定:

①损失大。威胁人数多于300人或预估经济损失大于10 000万元。

②损失中等。威胁人数50~300人或预估经济损失5 000万~10 000万元。

③损失小。威胁人数少于50人且预估经济损失小于5 000万元。

(二)致灾地质体危害对象重要性

致灾地质体危害对象重要性的划分应符合下列规定:

①重要。县级以上城市主体、人口密集区及重要建设项目。

②较重要。乡镇集镇及较重要建设项目。

③一般。村社居民点及一般建设项目。

建设项目重要性可按《地质灾害危险性评估规程》(DB 50/139—2003)的规定确定。

二、地质灾害防治工程勘察的地质环境复杂程度划分

地质灾害防治工程勘察应对地质环境复杂程度进行划分。地质环境复杂程度是根据致灾地质体变形差异、物质组成差异、稳定性控制因素多少和致灾地质体或致灾地质作用所处地质环境划分的,具体见表3.2。

表3.2　地质环境复杂程度划分表

判定因素	地质环境复杂程度[①]		
	复杂	中等复杂	简单
致灾地质体变形差异	大	中等	小
致灾地质体物质组成差异	大	中等	小
致灾地质体稳定性控制因素	多	中等	少
致灾地质体或致灾地质作用所处地质环境[②]	复杂	中等	简单

注:①地质环境复杂程度应由复杂向简单推定,首先满足其中两项者即为该等级;当致灾地质体不明确时可直接按致灾地质作用所处地质环境复杂程度划分。

②致灾地质体或致灾地质作用所处地质环境复杂程度可参照《地质灾害危险性评估规程》(DB 50/139—2003)划分,划分时不良地质现象应不含致灾地质体本身。

第二节　地质灾害防治工程勘察的阶段

一、《地质灾害防治工程勘察规范》(DB 50/143—2003)中对地质灾害防治工程勘察阶段的划分

地质灾害防治工程勘察应视情况确定是否分阶段进行。当致灾地质体规模不大、基本要素明显或地质条件简单或灾情危急、需立即抢险治理时应不分阶段进行一次性勘察,一次性勘察的工作深度应符合详细勘察的基本要求。当致灾地质体规模大、基本要素不明显或地质环境复杂时应分控制性勘察和详细勘察两个阶段进行。

地质灾害防治工程控制性勘察应在充分搜集分析以往地质资料基础上,根据需要进行调查测绘、勘探和测试等工作,查明地质灾害的基本特征、成因、形成机制,对致灾地质体在现状和规划状态下的稳定性作初步分析,并对致灾地质体的危险性作评价,作出是否需要进行详细勘察和防治的结论。控制性勘察成果应能作为详细勘察的依据,但一般不宜作为地质灾害防治工程设计的依据。

地质灾害防治工程详细勘察应考虑城镇建设、移民迁建、道路、沿江港口码头及岸坡治理等规划建设的需要,依据控制性勘察的结果,结合可能采取的治理方案部署工作量,分析评价致灾地质体在现状和规划状态下的稳定性和发生灾害的可能性,提出防治方案建议。详勘成果应能作为地质灾害防治工程设计的依据。

地质灾害防治工程施工期间应开展地质工作,对开挖形成的边坡、基坑和硐体进行地质素

描、地质编录和检验,验证已有的勘察成果;必要时补充更正勘察结论,并将新的地质信息反馈给设计和施工部门。当勘察成果与实际情况明显不符、不能满足设计施工需要或设计有特殊需要时,应进行施工勘察。施工勘察应充分利用已有施工工程。

二、《地质灾害勘察指南》中对地质灾害防治工程勘察阶段的划分

崩塌 – 危岩体灾害勘察,一般分为初勘、详勘、防治工作可行性阶段勘察及防治工程设计阶段勘察 4 个阶段。设计阶段的勘察可进一步分为初步设计阶段勘察和施工图设计阶段勘察。其划分的依据是成灾的可能性、危害程度、崩塌规模、监测及防治工作的需要。根据地质灾害体的变形发展阶段及危害性大小,以及监测建站与防治工程的需要和进展,可归并勘察阶段或直接进入下一阶段的勘察。

滑坡灾害勘察防治工作包括初步勘察、详细勘察(防治工程可行性研究勘察)、初步设计与施工图设计勘察和施工勘察 4 个阶段。4 个阶段可视具体情况酌情合并、简化。如果滑坡规模小、成灾条件简单时,可将前 3 个阶段合并为 1 个阶段开展工作。监测工作贯穿 4 个阶段及竣工后的效果检验阶段。如果滑坡规模大且复杂、危害性大而研究程度低时,可将第 3 个阶段分为"可行性研究"和"初步设计"两个阶段开展工作。

泥石流勘察工作一般分为资料准备、野外踏勘、编制设计、野外勘察、资料整理与编写报告 5 个工作程序。

岩溶的勘察工作一般可分为编制勘察设计、野外勘察和编写勘察报告 3 个阶段。

第三节　地质灾害防治工程勘察的技术手段

地质灾害防治工程勘察的技术手段是指在地质灾害防治工程勘察工作中取得各种地质资料的方法和途径。目前,在地质灾害防治工程勘察工作中常用的技术手段有:遥感地质调查(简称"遥感")、地质测绘(简称"填图")、地球物理勘探(简称"物探")、坑探工程(又称山地工程,简称"坑探")、钻探工程(简称"钻探")、取样和测试、监测、预警。

一、遥感地质调查

遥感地质调查是指在几千米至几百千米以外的高空,通过飞机或人造地球卫星运载的各种传感仪器(图 3.1),接收地面目的物反射与辐射的电磁波而获取其图像和数据信息,通过专门解译得到地质资料的勘察技术手段。

遥感是当前地质灾害防治工程勘察中使用的先进技术手段之一。目前,常用的遥感手段有:摄影遥感、电视遥感、多光谱遥感、红外线遥感、雷达遥感、激光遥感、全息摄影遥感等。

遥感图像(图 3.2)能直观、逼真地显示工作区内地形、地貌、地质和水文等的整体轮廓与形态,其视域广、宏观性强。遥感图像用于对工作区的自然地理、地质环境和需要勘察的地质灾害的整体了解和宏观认识,指导野外勘察的宏观部署、勘察剖面和勘察网点的布设及施工场地的选择等,可以减少盲目性,节省时间、人力、物力和投资。

在实际工作中,通过对航片、卫片上的遥感图像进行专门的地质解译后获得勘察区及外围环境地质灾害的相关资料,以指导本次勘察工作。

图 3.1　中国全球导航定位系统

图 3.2　遥感图像

对遥感图像解译时,首先要建立不同航片各自的直接解译标志(形状、大小、阴影、灰阶、色调、花纹图形等)和间接解译标志(水系、植被、土壤、自然景观和人文景观等);其次是进行室内解译(条件许可应采用计算机进行图像处理),编制解译地质图和相片镶嵌图,规划踏勘路线与踏勘时重点调查的问题;最后是初步布设勘探剖面和勘探网点,作为编制地灾勘察设计的依据。

(一)危岩-崩塌灾害防治工程勘察遥感图像解译的基本要求

①遥感图像解译开始于收集资料阶段,在野外踏勘之前初步完成,并编制初步工程地质解译图,为野外踏勘和设计编写服务。该工作借助野外测绘等工作予以修改、验证,贯穿整个勘察工作的始终,成为野外工作、资料分析整理、报告编写的一个组成部分。

②区域性解译采用 1∶50 000～1∶67 000 的航片;对于崩塌(危岩)体,选用大比例尺(1∶1 000～1∶10 000)航片;有条件时,宜采用多时相的彩红外、红外、彩色、黑白、侧视雷达等多种航片进行综合解译。

③一般采用常规的目视解译,尽可能对航片进行光学处理和数字处理,以突出有效信息,提高解译水平和效果。

④结合勘察进行解译验证,建立起较准确的解译标志。同时,建立健全解译卡片和验证卡片,以积累详细准确的资料。

⑤提交的成果

a. 解译灾害地质图。

b. 解译卡片。

c. 验证卡片。

d. 典型相片集。

e. 解译报告。

f. 勘察所需的其他解译图件。

（二）滑坡灾害防治工程勘察遥感图像解译的基本要求

①整个遥感图像解译工作应结合地面测绘和物探工作进行，遥感解译应先于地面测绘。

②可能时，卫星相片与航空相片应结合使用，以采用彩色热红外航片解译效果为佳。

③用不同时间、不同波段的航空影像进行综合解译。如果条件许可应采用计算机进行图像处理，突出有效信息以提高解译水平和效果。

④宜用大比例尺（如 1:5 000～1:10 000）航片，用目视和航空立体镜解译，或用立体测图仪成图。如果滑坡体面积较大，可采用 1:30 000～1:50 000 比例尺的航片。有条件时，利用大比例尺航片，从航片上的线状地物（如公路、铁路、小径等）的断距，确定滑坡体的位移量。通过不同时期航片对比，推断坡体位移的速度和距离。

⑤完成航片、卫片解译工作之后，应提交相应比例尺的解译图及文字报告，并将其主要内容纳入勘察报告中。

（三）泥石流灾害防治工程勘察遥感图像解译的基本要求

①航片解译应在野外调查之前进行，并贯穿调查的全过程。运用它的超前性协助制订地质测绘方案，可有效地缩短工作周期。

②航片解译以目视解译为主，凡能构成立体像对者，借助立体镜；不能构成立体像对者，以肉眼直接观察或借助放大镜进行观察。

③航片比例尺宜采用 1:10 000～1:15 000。

④根据影像形状、大小、色调和阴影判译下列内容：

a. 地面几何形态：流域形态及范围、山地、平原及特殊地质现象构成的形态和泥石流三区（形成区、流通区、堆积区）的形态特征。

b. 新构造活动条件及不良物理地质现象。

c. 河流特征、水系、河道、宽浅、曲直、滩槽分布及规模。

d. 植被情况。

e. 人文现象及其他：城镇及居民点的分布、通路、桥梁、矿点、农、林类别等。

判译时要量取汇流面积、冲沟和洲沟密度、河沟曲率、河床的平均纵坡降、森林覆盖率和各种植物群体的定量关系。基岩露头、岩堆以及各种松散堆积物等的分布状况、分布面积及静储量、动储量。

⑤航片解译成果，在地质测绘时应进行验证，验证工作量应低于 30%。

⑥及时整理遥感图像解译资料，编制解译成果，包括解译卡片、典型样片、单项与综合性解译图件及简要说明书。

（四）岩溶塌陷灾害防治工程勘察遥感图像解译的基本要求

①航、卫片解译应在野外调查之前进行，并贯穿于勘察的全过程，使其成为设计编制、野外

工作布置、室内资料整理和报告编写的一个组或部分。

②以航片解译为主,航片比例尺一般宜大于1:20 000。

③航片解译成果应充分应用于地质测绘,可用于布置观测路线和观测点,进行地质、地貌界线和各种线性体的追索。结合野外检验,以提高航片解译成果质量。

④航片解译以目视解译为主,应充分利用不同时期的航、卫片进行动态分析。尽可能采用图像模拟处理和计算机图像处理等技术,以突出有效信息。

⑤解译内容

a.划分地貌单元,确定地貌形态、成因类型和主要微地貌的发育特征和分布,着重对岩溶地貌中岩溶负地形(如洼地、漏斗、槽谷、谷地等)和岩溶地貌组合形态(如峰丛洼地、溶丘洼地、脊峰沟谷、蜂林平原等)的解译,并进行密度统计分析。

b.确定地质构造轮廓和主要构造形态,包括出露或隐伏的主要断裂和节理裂隙密集带的分布位置和规模,并对新构造运动迹象进行解译。

c.划分岩、土体不同岩性和不同岩溶层组类型的分布范围。

d.解译各种动力地质现象,着重判定岩溶塌陷,岩溶陷落柱的形态、分布位置和规模,分析确定塌陷区的范围及其扩展情况。

e.解译各种水文地质现象,判定岩溶泉、伏流、地下河出口、落水洞、竖井、天窗、溶潭、溶洞等岩溶现象的分布位置。分析地下河或岩溶水主径流带的分布迹象,圈定岩溶水系统的补给区范围。

⑥根据实际需要,整理编制解译成果,包括单项与综合性的解译图件及简要说明书,解译卡片、典型样片等。

二、地质测绘

(一)地质测绘的含义

地质测绘是运用地质学的理论和方法,对暴露区及半暴露区的岩土特征、地层层序、地质构造、地貌及水文地质条件、不良地质现象等地表地质情况进行野外调查、分析和研究,编制地质图件和地质报告的综合性地质工作。

地质测绘是在野外将工作区地表出露的地质情况,用测量仪器(如全站仪、手持 GPS 等)填绘在一定比例尺的地形图上,其主要成果是地形地质图——各阶段地质灾害防治工程勘察布置勘察工程的底图,也是各阶段报告的主要附图之一。

地质测绘是地质灾害防治工程勘察中的主要手段,也是最基本、最重要的勘察手段,用于指导其他勘察工作,一般应尽早开展。

(二)各种地质灾害防治工程勘察地质测绘的比例尺

各种地质灾害防治工程勘察地质测绘的比例尺见表3.3、表3.4、表3.5。

表3.3　地质灾害防治工程勘察地质测绘的比例尺

地质灾害防治工程勘察种类	比例尺
危岩-崩塌	综合区域工程地质图为1:25 000～1:50 000;初勘为1:1 000～1:10 000;详勘及可行性研究为1:500～1:2 000

续表

地质灾害防治 工程勘察种类	比例尺
滑坡	成灾条件简单、不分阶段时一般采用1:500～1:2 000；复杂滑坡或特殊地段采用1:100～1:1 000或更大比例尺
泥石流	全流域采用1:10 000～1:50 000；源头地区采用1:1 000～1:5 000；中、下游采用1:500～1:2 000
岩溶塌陷	根据塌陷区规模、塌陷发育程度和危害性轻重，一般采用1:1 000～1:50 000

表3.4 泥石流地质测绘与调查的比例尺

按泥石流的规模	泥石流全域（包括形成区、 流通区、堆积区及汇水区）	泥石流形成区及堆积区[①]
小型	1:500～1:2 000	1:200～1:500
中型	1:2 000～1:5 000	1:500～1:1 000
大型	1:5 000～1:10 000	1:500～1:1 000

注:不需治理的大型泥石流，其形成区和堆积区地质测绘与调查的比例尺可采用1:1 000～1:5 000。

表3.5 岩溶塌陷地质测绘的比例尺

按塌陷区的规模/km²	测绘比例尺	
	组合因素:$A_1B_1C_1$	组合因素:$A_2B_2C_2$
I_1（特大型）>10	1:25 000	1:50 000
I_2（大型）10～1	1:5 000～1:10 000	1:10 000～1:25 000
I_3（中型）1～0.1	1:2 000	1:5 000
I_4（小型）<0.1	1:1 000	1:2 000

注:测绘比例尺1:1 000～1:50 000，应综合考虑塌陷区的规模（I）、塌陷发育的复杂程度（A,B）及其危害性的
轻重（C）等因素来确定。

（三）各类地质灾害防治工程勘察地质测绘的范围和精度

1.危岩-崩塌灾害防治工程勘察地质测绘的范围和精度

（1）危岩-崩塌体地质测绘的范围

应为其初步判断长宽的1.5～3倍，同时，还应包含其崩滑可能造成危害及派生灾害成灾的范围。在某些情况下，纵向拓宽至坡顶、谷肩、谷底、岩性或坡度等的重要变化处；横向应包括地下水露头及重要的地质构造等。外围环境地质调查，以查明与崩塌体生成有关的地质环境和小区域内崩滑发育规律为准。

（2）危岩-崩塌体地质测绘的精度

实测地质体的最小尺寸一般为相应图上的2 mm。对于具有重要意义的地质现象，在图上

宽度不足 2 mm 时,可扩大比例尺表示,并注明其实际数据。地质点位与地质界线的误差,应不超过相应比例尺图上的 2 mm。地质测绘使用的地形图,必须是符合精度要求的同等或大于测绘比例尺的地形图。当采用大于测绘比例尺的地形图时,必须在图上注明实际的地质测绘精度。

2. 滑坡灾害防治工程勘察地质测绘的范围和精度

(1)滑坡地质测绘的范围

滑坡地质测绘的范围应包括滑坡及其邻近能反映生成环境或有可能再发生滑坡的危险地段。勘察区后部应包括滑坡后壁以上一定范围的稳定斜坡或汇水洼地;勘察区前部应包括剪出口以下的稳定地段;勘察区两侧应到达滑体以外一定距离或邻近沟谷。涉水滑坡应到达河(库)心或对岸。

滑坡地质测绘应根据工作需要适当地扩大到滑坡体以外可能对滑坡的形成和活动产生影响的地段。如山体上部崩塌地段;河流、湖泊或海洋岸边遭受侵蚀的地段;采矿、灌渠等人为工程活动影响的地段等。

(2)滑坡地质测绘的精度

图上宽度大于 2 mm 的地质现象必须描绘到地质图上。对评价滑坡形成过程及稳定性有重要意义的地质现象,如裂隙、鼓丘、滑坡平台、滑动面(带)、前缘剪出口等,在图上宽度不足 2 mm 时,应扩大比例尺表示,并注示实际数据。地质界线图上的误差不应超过 2 mm。地质点间距以保证地质界线在图上的精度为原则,一般控制在图上距离 2～5 cm 内,结合滑坡防治工程的重要性可适当加密或减稀。当地形底图比例尺为 1∶5 000 时,地质点应采用仪器测定。当比例尺小于 1∶5 000 时,有重要意义的地质点应采用仪器测定外,其余可根据地形地貌测定地质点。

在地质界线被覆盖或不明显地段,必须保证足够数量的人工露头,尤其是滑坡边界、剪出口附近应配合必要的坑探。

3. 泥石流灾害防治工程勘察地质测绘的范围和精度

(1)泥石流地质测绘的范围

应是全流域和可能受泥石流灾害影响的地段。

(2)泥石流地质测绘的精度

①测绘填图时,所划分单元在图上的最小尺寸为 2 mm,大于 2 mm 者均应标示在图上。对厚度或出露宽度小于 2 mm 的重要工程地质单元,如软弱夹层、崩塌、滑坡、断层破碎带、贯通性好的节理、宽大裂隙、溶洞和泉等,可采用扩大比例尺或符号的方法表示。

②对可能建坝、堤等地段的地质界线,对于 1∶500～1∶2 000 比例尺图,地质点测绘精度在图上误差不应超过 3 mm,其他地段不应超过 5 mm。

③为满足测绘精度,在测绘填图中应采用比成图比例尺大一级的地形图作为填图底图。

4. 岩溶塌陷灾害防治工程勘察地质测绘的范围和精度

(1)岩溶塌陷地质测绘的范围

应包括岩溶塌陷现象分布及影响的全部区域,以及塌陷发生的动力因素影响的范围。

(2)岩溶塌陷地质测绘的精度

①测绘采用比例尺大一级的地形图作为工作底图。

②在测绘之前,应先实测代表性地层岩性剖面,编制地层岩性柱状图和综合剖面图,确定

填图单位。或对已有的地层岩性柱状网进行现场校核，并根据填图单位划分的实际需要进行细分。

③实测地质体的最小宽度一般为相应图上的 2 mm。对于重要的地质现象可放大或以花纹符号表示。各种界线应在实地结合航片解译资料上勾画，其误差在图上不应大于 2 mm。

④对于测绘比例尺 ≥1:5 000 的全部观测点位置，均应以仪器测量坐标；对于测绘比例尺 <1:5 000 的重要地质现象，如岩溶塌陷点、岩溶泉、地下河出口、抽水井、排水坑道等位置，也应以仪器测量其坐标；一般观测点可以全球定位系统(GPS)定位。

⑤观测路线或观测点的数量参照同等比例尺地质与工程地质调查的定额。观测路线在图上的间距一般为 2 ~ 3 cm，观测点的间距一般为 1 ~ 3 cm，或图面 0.25 ~ 1 个点/cm²，其密度不要均匀分布，应按复杂程度适应加密或减稀。

(四)地质测绘的要求和方法

1. 地质测绘的要求

在正式地质测绘之前，应首先测制代表性地层剖面，建立典型的地层岩性柱状图和标志层，确定填图单元，具体注意事项如下：

①地层剖面应选择在露头良好、地层出露齐全和构造简单的地段。必要时，可在测区以外能代表测区地层剖面的地段测制。

②当露头不连续，或地层连续性受到破坏时，需在不同地段测制地层剖面，各剖面的连接必须有足够的证据。必要时，可布置坑探予以揭露。

③在地质构造复杂或岩相变化显著地区，应测制多条地层剖面，编制地层对比表和综合地层柱状图。地层柱状图的比例尺一般为填图比例尺的 5 ~ 10 倍。重要的软弱夹层，应扩大比例尺予以详细测制。

④应选择厚度小、层位稳定、岩性特征突出、野外易于识别的地层作为标志层。如具有特殊物质成分、结核、离析体、特殊层理、不整合面、古土壤层、古风化壳、特殊岩性、特殊层面构造、富含化石或不含化石、颜色特殊等特征的层位。

⑤测制地层剖面时，主要参考已有区域地质资料定名，必要时采集岩石和化石标本，鉴定定名。

⑥填图单位着重标注岩土体工程地质特性的异同和岩层与致灾地质体的相关性。岩性相近时应归并为一层，岩性软硬相间时，一般以软层为一个单元的底部岩层。

2. 地质测绘的方法

地质测绘的方法宜采用路线穿越法和追索法相结合的方法。对重要的边界条件、裂隙、较夹层采用界线追索，在穿越和追索在路线上布置观测点。观测点布置的目的要明确，密度要合理，以达到最佳调查测绘效果为准。对于主要的地质现象，应有足够的调查点控制，如崩塌边界、地质构造、裂隙等。

野外观测点一般分为：地层岩性点、地貌点、地质构造点、裂隙统计点、水文地质点、外动力地质现象点、致灾体调查点、变形点、灾情调查统计点、人类工程活动调查点、勘探点、采样点、试验点、长观点、监测点等。在覆盖或现象不明显地段，必须有足够的人工揭露点，以保证测绘精度和查明主要地质问题。观测点的间距一般为 2 cm(图面上的间距)，可根据具体情况确定疏密。观测点分类编号，在实地用红漆标志，在野外手图上标出点号，在现场用卡片详细记录。其中，野外卡片详细记录需要满足以下要求：

①必须采用专门的卡片记录观测点,并分类进行系统编号。卡片编号与实地红油漆点号一致。

②记录必须与野外草图相符,凡图上表示的地质现象,均必须有记录。

③描述应全面,不漏项,突出重点。尽量用地质素描和照片充实记录。

④重视点与点之间的观察,进行路线描述和记录。

根据观测点的情况,在野外实地勾绘地质草图,如实地反映客观情况,接图部分的地质界线必须吻合。在观测点的测量中,测绘比例尺小于1:5 000时,观测点定位采用目测和罗盘交会法,其高程可根据地形图和气压计估算;测绘比例尺大于1:5 000及重要的观测点、勘探点、监测点和勘探剖面,必须用仪器测量。

在测绘过程中,采集具有代表性的岩(土)样、水样进行鉴定和室内试验。采样时必须定点、填写卡片并拍照。必要时采集化石标本,进行专门鉴定。在测绘过程中还应经常校对原始资料,及时进行分析,及时编制各种分析图表,及时进行资料整理和总结,及时发现问题和解决问题,指导下一步工作。外业工作结束、原始资料整理完毕之后,应组织对原始资料进行野外验收。

(五)地质测绘(调查)的内容

在各种地质灾害勘察中,测绘的内容一般包括岩土体的工程性质、地形地貌、地质构造、新构造运动、地震、水文地质、岩石风化和人类工程经济活动。

1.岩体工程地质调查

查明区内岩体的地层层序、地质时代、成因类型、岩性岩相特征和接触关系等。各类岩层的描述,一般包括岩石名称、颜色(新鲜、风化、干燥、湿润色)、成分(粒度成分、矿物成分、化学成分)、结构、构造、坚硬程度、岩相变化、成因类型、特征标志、厚度、产状等。注意区分沉积岩、岩浆岩和变质岩的工程地质特征。

2.土体工程地质调查

鉴别土的颜色、颗粒组成、矿物成分、结构构造、密实程度和含水状况,并进行野外定名。注意观测土层的厚度、空间分布、裂隙、空硐和层理发育特征。重视区内特种成分土和特殊状态土的调查,如淤泥、淤泥质黏性土、盐渍土、膨胀土、红黏土、黄土、易液化的粉细砂层、冻土、新近沉积土、人工堆填土等。

确定土体的结构特征,重视土体特殊夹层或透镜体、节理、裂隙和下伏基岩面岩性形态的调查,分析上述因素对土体稳定性的影响。确定土体的成因类型和地质年代。常见的基本成因类型有残积、坡积、冲积、洪积、湖积、沼泽、海洋、冰川、风积和人工堆积。地质年代的确定,一般应用生物地层学法、岩相分析法、地貌学法、历史考古法,必要时可进行绝对年龄测定。

3.地貌和斜坡结构调查

以微地貌调查为主,包括分水岭、山脊、斜坡、谷肩、谷坡、坡脚、悬崖、沟谷、河谷、河漫滩、阶地、剥蚀面、岩溶微地貌、塌陷地貌和人工地貌等。调查描述各地貌单元的形态特征(面积、长度、宽度、高程、高差、深度、坡度、形体特征及其变化情况)、微地貌的组合特征、过渡关系及相对时代。重点调查致灾地质体产生的地貌单元,侧重于沟谷地貌和斜坡地貌的调查:应查明斜坡的结构类型与坡面特征的关系;坡高、坡长和坡角等与斜坡稳定性的关系;调查堆积体的地貌特征,初步分析其稳定性及在可能的冲击下的变形情况。

分析岩溶微地貌、流水地貌和暂时性流水地貌等与地质灾害的关系。调查区内人工地貌

（如采石场、水库大坝、矿渣、堆土、坑口、道路、人工边坡等），分析其与地质灾害的关系。

4.地质构造调查

在分析已有资料的基础上，弄清测区构造轮廓、构造运动的性质和时代、各种构造形迹的特点、主要构造线的展布方向等。

（1）褶曲的调查

应查明褶曲的形态、轴面的位置和产状、褶曲轴的延伸性、组成褶曲的地层时代和岩性，以及相变情况、褶曲两翼厚度的变化、褶曲的规模和组成形式、褶曲的形成时代和应力状态。重视褶曲的层间错动、核部的张裂、翼部的单斜构造及低序次结构面的调查，查明褶曲与地貌及地质灾害的关系。

（2）断层的调查

断层的位置、产状和规模（长度、宽度、断距），断层在平面上和剖面上的形态特征和展布特征，断层破碎带的宽度和特征、碎裂特征及断层两盘岩体的物理力学变形特征，构造岩特征、断层两边的岩层岩性、破碎情况、错动方向和组合关系、断层形成的时代、应力状态及活动性，应着重调查断层与致灾地质体及其边界的关系。

（3）节理、劈理、片理的调查

节理、劈理、片理的成因类型、形态特征、产状、规模、延伸长度、宽度、密度，张开及充填情况，组数、各级的切割和组合关系。重视卸荷裂隙的调查，分析节理等与致灾地质体的关系。

（4）岩体结构面的调查

调查岩体中原生结构面、构造结构面和次生结构面的产状、规模、形态、性质、密度及其切割组合关系，进行岩体的分级和岩体结构类型及斜坡组构类型的划分。在此基础上，进行岩体结构、斜坡结构与地质灾害的相关分析。

5.新构造运动、现今构造活动性和地震调查

新构造运动和地震及地震烈度区划、场地地震烈度等，应以收集地震资料为准。在分析区域构造特征的基础上，调查不同构造单元和主要构造断裂带在新近地质时期以来的活动性及活动特性。分析活动性断裂与地貌单元、地貌景观、微地貌特征、第四纪岩相岩性、厚度和产状、地面标高变化等的关系。搜集大地水准测量资料，编制大地形变剖面，分析现今活动特征。搜集区内断层位移监测资料，分析断层活动规律。搜集历史地震资料，分析地震活动周期，研究区域主要地震构造带各段地震活动规律，评价测区地震活动水平。着重调查本地区历史上七度以上的地震区（含七度区）已产生的震害，如建筑物的破坏、山崩、滑坡、地面开裂、河流堵塞及改道等，重点调查地震型地质灾害。

6.水文地质调查

①地表水体的产出位置及河、湖床地层岩性，水体分布范围、流量、流速、水质、动态特征及其与区域地下水的关系，对可能是冲蚀型和水库型的地质灾害，应重点调查地表水对致灾地质体坡脚的冲刷掏蚀情况。

②地质灾害所在的地貌单元内地表产流条件、入渗情况、地表暂时性水流与崩塌裂隙的连通情况、暴雨时裂隙内最大充水高度。

③区内地下水露头（泉、井、矿坑等）的产出位置、地貌部位、高程、出露的地层岩性及地质构造、含水层类型（孔隙水、裂隙水、岩溶水）、性质（上升泉、下降泉或永久性、暂时性、间歇性泉）、水位、水质、流量、水化学特征、动态和开发利用情况。

④含水层的类型、分布、富水性、透水性、地下水水化学特征;主要隔水层的岩性、透水性、厚度和空间分布;地下水的流向,流速、补给、径流和排泄条件,以及与地表水的关系。

⑤重点查明致灾地质体内及其上方稳定岩体的地下水的水位及其变化,查明含水层,隔水层,岩溶,地下水的流速、流向、补、径、排条件以及对致灾地质体的作用。查明致灾地质体内局部的上层滞水的条件与位置、与裂隙或软层的关系及产生局部变形破坏的可能性。查明致灾地质体主要裂隙的充水条件、连通情况和下渗速度。查明滑带及控制性软层处地下水的情况及对危岩体的作用,以及致灾地质体内地下水与地下采空区的连通情况及采空区内地下水的特征及其对危岩体的作用。

⑥根据需要,调查堆积体内的地下水特征,重点调查在崩积床一带的地下水,分析其与堆积体稳定性的关系。

通过上述调查,综合分析地表水、地下水对地质灾害的作用。

7. 岩石风化调查

调查风化岩的颜色、性质,以及次生风化矿物情况、风化层的分布、形态特征和性质,查明风化壳的厚度并进行风化壳垂直分带。通过基坑、路堑、探槽等人工露头调查了解岩石的风化速度。调查分析岩石风化与岩性、地形、地质构造、水文地质、气候、植被及人类活动的关系。查明易风化岩层的岩性、层位和空间分布,分析岩石的风化特点及规律。

8. 人类工程经济活动调查

调查区内人类工程经济活动现状及规划,重点调查与勘察对象有关的工程布局、类型、规模、施工或竣工时间。还应注意由人类活动诱发或造成的不良地质现象或地质灾害,如崩塌、滑坡、泥石流、山体开裂等的调查。

(六)各类地质灾害地质测绘(调查)的内容

1. 危岩-崩塌体灾害地质测绘(调查)的内容

(1)查明崩塌体的地质结构

包括地层岩性、地形地貌、地质构造、岩土体结构类型、斜坡结构类型,以及它们对崩塌作用的控制和影响。岩土体结构应重点记录描述软弱夹层、断层、褶曲、裂隙、岩溶、采空区、临空面、侧边界、底界(崩、滑带)等(在此基础上确定填图单位)。

①危岩-崩塌体体内的软岩及层间错动带(如顺层结构面,往往控制了裂隙的发育深度、变形及顺层滑动等),应查明其产状、岩性、厚度、地表出露、起伏差、内部结构、构造、风化、软化、泥化、擦痕及变形等特征。根据软层的厚度、分布和重要性进行软层分级。

②当危岩-崩塌体岩溶发育时,应查明岩溶形态的类型、产出位置、个体形态、规模、发育规律、形成原因,以及与地表水、地下水的联系。应重点查明垂向岩溶与水平层状岩溶;查明岩溶与崩塌的关系;查明体积岩溶率。根据岩溶的分布高程,进行岩溶与地文期的相关分析。垂向岩溶可能构成崩塌体的侧边界,底部近水平状岩溶可能构成底界产生陷落挤出式崩塌。崩塌体内部的溶洞、溶蚀裂隙,会给防治工程施工带来一定影响。

③对于硐掘型崩岩,应查明危岩-崩塌体陡崖下采空区的面积、采高、分布范围、开采时间、开采工艺、矿柱和保留条带的分布、地压控制与管理办法、采空区顶、底板岩性结构、采空区处理办法、采空区地压显示与变形时间、采空区地压现象(底鼓、冒顶、片帮、鼓帮、开裂、压碎、支架位移破坏等)、采空区地压监测数据、采空区与地表开裂隙的时间、空间与强度对应关系,查明采矿对崩塌的作用和影响。

④查明裂隙的产状、地表宽度、长度、地表展布形态、发育深度、尖灭层位、壁面特征,溶蚀情况、隙内充填情况,两壁相对位错情况、在临空面上发育形态,与构造、裂隙、岩溶、卸荷、冲蚀、爆破、开挖、采空的关系,分析裂隙的成因及裂隙间的关系,进行裂隙分组。重视隐伏裂隙的探查。隐伏裂隙大体有两类:一类是被覆盖层掩埋;另一类是在下部岩体中发育但未达到地表。对于硐掘型崩塌和压致拉裂型滑崩,后一种隐伏裂隙较为常见。

查明裂隙发育规律,注意卸荷裂隙与硐掘型裂隙的区别。后者的主裂隙在时空上与采空区有明显的对应关系。依据裂隙发育的规模、深度,对崩塌体边界的控制作用,以及对稳定性的影响程度,进行裂隙级别划分。

⑤查明边界条件,包括临空面(含先期崩塌的后缘壁构成的临空面)、侧边界和底界(底部崩滑带)等。

(2)崩塌体的水文地质特征

崩塌体的地表入渗及产流情况,崩塌体内地下水特征、地下水水质及侵蚀性。

(3)先期崩塌的运移和堆积

先期崩塌运移斜坡的形态、地形、坡度、粗糙度、岩性、起伏差,崩塌块体的运动路线和运动距离;崩积体的分布范围、高程、形态、规模、物质组成、分选情况、块度(必要时需要进行块度统计和分区)、结构、架空情况和密实度;崩积床形态、坡度、岩性和物质组成、地层产状;崩积体内地下水的分布和运移条件;评价崩积体自身的稳定性和在崩塌冲击荷载作用下的稳定性,分析在暴雨等条件下向泥石流、滑坡转化的条件和可能性。

(4)未来崩塌灾害成灾条件下可能的运移和堆积

崩塌产生后可能的斜坡运移是指在不同崩塌体积条件下崩塌体运动的最大距离。在峡谷区,要重视气垫浮托效应、折射回弹效应的可能性及由此造成的特殊运动特征。

崩塌可能到达并堆积的场地形态、坡度、分布、高程、岩性,产状及该场地的最大堆积容量。在不同崩塌体积条件下,崩塌块石越过该堆积场地向下运移的可能性,最大可能崩塌体的最终堆积场地;划定崩塌灾害的成灾范围和危险区,进行灾区内经济损失等灾害损失的调查和灾情预评估。

(5)灾害类型调查

调查本次灾害可能派生的灾害类型(如涌浪、断航、冲击形成滑坡、泥石流、破坏水利设施等)和规模,确定其成灾范围,进行灾情预评估。

(6)地质历史调查

调查历史上该处崩塌发生的次数、发生时间、崩塌前兆、崩塌方向、崩塌运动距离、堆积场所、崩塌规模、诱发因素、变形发育史、崩塌发育史、灾情等。

(7)相关环境地质体的调查

①调查崩塌体周边和底界以下的地质体。按其产出位置和地质单元予以分别调查。说明它们自身的稳定性及与崩塌体的相互依存、相互作用的关系。

②初步选择工程持力岩(土)体,调查持力体的位置、岩性、岩土体结构、自身的稳定性和在工程荷载下的稳定性。

(8)孕灾因素调查

分别调查与崩塌有关的孕灾因素(如大气降雨、地下水、地表水冲蚀、人工爆破、开挖、地下开采、水渠渗漏和水库作用等)的强度、周期,以及它们对崩塌变形破坏的作用和影响。

2. 滑坡灾害地质测绘(调查)的内容

①观察描述滑坡所处的地貌部位、斜坡形态、沟谷发育情况、河岸冲刷情况、堆积物和地表水的汇聚情况,以确定滑坡产生的时代、发展和稳定情况。

②查明滑坡体及其外围的地层岩性组成并进行对比,特别应查明与滑坡形成有关的基岩软弱夹层的分布及其水理、物理和力学性质特征;岩石风化特征和各风化带及风化夹层的分布情况;覆盖层的成因、岩性及其中软塑性土夹层的空间分布位置、富水程度及密实程度等。

③选定标准岩层,进行滑坡体与其外围同一地层的层位对比,确定滑坡的位移距离。当为顺层滑坡时,则利用具有较明显特点的后缘与两侧岩、土体组合进行对比。

④查明滑坡体及其外围的岩层产状、拉裂后壁、裂隙位置及其性状的变化;滑坡产生与岩层产状、断层分布、断层带特征及裂隙特征的关系;堆积层与基岩接触面的陡度、性状及其与滑坡的关系。

⑤查明斜坡地段地下水的补给、径流、排泄条件,含水层、隔水层的分布及遭受滑坡破坏的情况,地下水位及泉水的出露位置、动态变化情况。

⑥详细观察滑坡体

a. 滑坡的边界特征。后缘滑坡壁的位置、产状、高度及其壁面上擦痕方向;滑坡两侧界线的位置与性状(如果滑坡体与两侧围岩的界线为突变式,要观察和测定裂面产状、擦痕方向及其与层面、构造断裂面的关系;如果滑坡体与两侧围岩的界线为渐变式拖曳变形带,则要观察和测定拖曳褶皱及羽状裂隙的产状、分布及所造成的两侧岩体的位移情况);前缘出露位置及剪出情况;露头上滑坡床的性状特征等。

b. 表面特征。滑坡微地貌形态、台坎、裂隙的产状、分布及地物变形情况。

c. 内部特征。滑坡体内的岩体结构、岩性组成、松动破碎情况及含泥、含水情况。

d. 活动特征。滑坡发生时间,目前的发展特点及其与降雨、地震、洪水和工程建筑活动之间的关系。

在滑坡调查中,必须重视访问群众的工作。对较新和仍有活动的滑坡的历史和动态,当地居民常能提供宝贵的材料;对工程滑坡的发生、发展情况,施工人员常能提供详细情况。

3. 泥石流灾害地质测绘(调查)的内容

(1)泥石流全域地质测绘与调查的内容

①暴雨强度、前期降雨量、一次最大降雨量、一次降雨总量、平均及最大流量、地下水出水点位置和流量、地下水补给、径流、排泄特征、地表水系分布特征。

②沟谷或坡面地形地貌特征,包括沟谷形态及切割深度、弯曲状况、沟谷纵坡降及坡面的坡角。

③地层岩性及其风化程度、地质构造、不良地质现象、松散堆积物的成因、分布、厚度及组成成分。

④应圈定泥石流形成区、流通区和堆积区的范围及边界,并圈定汇水区范围。

⑤泥石流已造成的危害和可能造成的危害。

(2)泥石流形成区地质测绘与调查的内容

对于泥石流的形成区调查,主要包括水文条件、地形条件和固体物质3个方面。调查内容有水源类型、汇水区面积和流量、斜坡坡角及斜坡的地质结构、松散堆积层的分布、植被情况,以及现已成为或今后将成为泥石流固态物质来源的滑坡、崩塌、岩堆、弃渣的体积、质量和稳定性。

（3）泥石流流通区地质测绘与调查的内容

沟床纵横坡度及其变化点、沟床冲淤变化情况、跌水及急湾、两侧山坡坡度、松散物质分布、坡体稳定状况及已向泥石流供给固态物质的滑塌范围和变化状况；已有的泥石流残体特征；当有地下水出水点时，还应调查其流量及与泥石流的补给关系。

（4）泥石流堆积区地质测绘与调查的内容

堆积扇的地形特征、堆积扇体积，泥石流沟床的坡降和岩、土特征，堆积物的性质、组成成分和堆积旋回的结构、次数、厚度，一般粒径和最大粒径的分布规律、堆积历史，泥石流堆积体中溢出的地下水水质和流量、地面沟道位置和变迁、冲淤情况，堆积区遭受泥石流危害的范围和程度；对黏性泥石流，还应调查堆积体上的裂隙分布状况，并测量泥石流前峰端与前方重要建构筑物的距离。

4. 岩溶塌陷灾害地质测绘（调查）的内容

（1）自然地理与地质环境组成要素

①气象要素。全年及多年平均降雨量、月降雨量分配及雨季降雨量特征，一次最大降雨量及暴雨强度等。

②水文要素。地表溪河年总径流量及其分配，平均流量和最大流量，洪、枯、平水期水位高程和变幅。

③地质环境要素

a. 地形和地貌类型的特征和分布。

b. 地层岩性和地质构造，第四纪沉积物的成因类型，沉积层序和岩性结构及其分布。

c. 含水层的类型、特征与分布，地下水流场特征，岩溶水系统的结构与分布，岩溶泉、地下河的出露条件及其流量与承位动态特征。

d. 古、老塌陷及有关现象的遗迹及其他动力地质现象的类型、形态规模、活动性及其分布，如属历史地震区，还应包括地震震中位置、震级、塌陷区场地烈度、震害特征等。

（2）岩溶塌陷现象及其形成条件

①岩溶塌陷现象：塌陷的形态特征与分布，其成因、发育过程及其稳定状态。

②岩溶塌陷的形成条件：岩溶塌陷点的地质结构特征与水动力条件；可溶岩的岩溶层组类型与岩溶发育程度；第四系覆盖层的岩性结构与厚度；各类土的工程地质性质；地下水类型与埋深及其动态特征。

（3）岩溶塌陷的动力因素

塌陷点及其附近地表径流的积水、排水状况；地下水含水结构及水位关系；岩溶地下水位埋深与基岩面的关系及其动态变化；抽排水点位置、抽排水过程及抽排水降深与水量；地下水人工流场（如降落漏斗）的范围，最大降深及其动态特征；水库及引水渠道的渗漏特征。

（4）历次塌陷的灾害情况及其治理历史

调查塌陷所造成的人员伤亡、直接和间接经济损失及社会和环境影响。调查分析已往塌陷的治理措施、治理费用及其效果。

（5）当地的工程建设和经济开发规划

城市新区建设、拟开发的地下水供水源地、拟建水库和引水渠道、拟建的交通干线和枢纽等。

（七）地质测绘的一般工作程序

工程地质测绘的工作程序大体分为室内准备阶段、踏勘、实测剖面、野外地质测绘和室内作业5个阶段，具体工作见表3.6。

表3.6　地质测绘的工作程序

	工作程序	主要工作内容	目　的
一	收集并研究工作区已有的地质资料	前人在工作区已经做过地质工作后总结的资料，包括区调报告、勘察报告等的文字、图件、表格及实物资料等	减少重复工作是下一步工作的基础
二	全区实地踏勘	将收集的资料与实地对照，了解工作区的地形地貌、植被覆盖、建筑物、交通、水源、地层及构造等	实地对比，找差异；确定实测剖面位置
三	实测地层剖面	选择地层出露较完整且未受构造影响的地段实测地层剖面，并绘制地层剖面图和柱状图	了解全区地层，确认标志层，选定测绘单位
四	野外地质测绘	用全仪器法将区内地层分界线、构造线、实测剖面线、工程点、水文点、不良地质现象分布范围等地质内容标注到地形图上	获得地形地质图及其他地质资料
五	室内整理并编制地质测绘报告	整理野外文字记录和清绘各种图件，按规范要求编制地质测绘报告（文字、附图、附表）	得到最终地质测绘成果

地质测绘工作结束后，在全面系统的资料整理和初步分析研究的基础上，应提交下列主要成果：

①野外测绘实际材料图、综合工程地质图或分区图、综合地层柱状图、工程地质剖面图。

②野外地质草图。

③实测地层柱状图。

④实测地层剖面图。

⑤各类观测点的记录卡片。

⑥坑探工程记录表及素描图。

⑦长观记录和监测记录。

⑧岩土、水样采集统计表，试验成果一览表和其他测试成果表。

⑨地质照片图册。

⑩文字总结。

⑪数据化的资料。

三、地球物理勘探

地球物理勘探（简称"物探"）是指利用不同地质体具有不同的物理性质（密度、磁性、电性、弹性、放射性等）对地球物理场产生的差异为基础，利用各种仪器接收、研究天然的或人工的地球物理场的变化，以了解相关地质资料的勘察技术手段。

物探是当前地质灾害防治工程地质勘察中采用的先进技术手段之一。地质灾害防治工程勘察中常用的物探方法有电阻率法、自然电场法、充电法、激发极化法、地质雷达探测、无线电波透视法、地震勘探、声波探测、放射性法、电磁法、综合测井法等。

(一)物探方法选择的一般原则

在开展物探工作之前,应充分搜集以往的物探资料和遥感资料,研究前人物探工作的方法和成果,地质与物探人员一起进行现场踏勘,了解工作区的物探工作环境和工作条件。根据地质灾害防治工程勘察的具体需要和勘察区的地形、地质、外部环境和干扰因素等具体条件,根据不同物探方法的原理、应用条件和应用范围,因地制宜地选择物探方法。尽可能采用多种物探手段,充分发挥其特长和互补性,扬长避短,并互相验证。布设一定数量的钻孔和坑探工程对物探成果予以验证,提高其成果的准确性和应用推广价值。同时,考虑测井和透视探测的配合应用。

(二)物探方法选择的技术要求

根据设计书提出的物探任务,遵照有关物探规范,编制专门的物探设计书或在总体勘察设计中列入物探的专门章节。按审批后的设计进行勘察、资料整理、报告编写和成果验收。物探技术要求按现行的专业标准执行。对专业标准尚未能包容的手段,应根据有关资料或经验等自行编制并报上级主管部门或专业部门审批,审批后作为暂行标准使用,其中有以下 7 点说明:

①对地质体物性不明、勘察效果有争议的,在开展物探工作之前,应先开展适量的试验工作。

②主要物探剖面应与工程地质剖面和勘探剖面一致,并首先进行物探剖面探测,在数量上物探剖面应多于投入钻探或坑探工程的勘探剖面。

③地面物探的探测深度,应大于崩滑体厚度、裂隙深度、控制性软夹层的深度和钻孔深度。

④物探异常点附近及勘探重点地段,应加大工作量,提高探测精度。

⑤尽可能利用声波检测来获取岩土体的弹性力学参数和岩土体质量评价参数。

⑥已施工的钻孔,应进行综合测井,搜集详细的地质资料,准确分层及确定崩滑带及软夹层的位置,为监测仪器的埋设和监测资料的分析提供准确的地质资料。

⑦当物探成果难解、多解或有争议时,应采用多种方法或其他勘探手段进行综合判断。

(三)常用物探方法的应用条件及其解决的主要问题

1. 电阻率法(电剖面法、电测深法)

应用电剖面法的有利条件是:被探测的地质体与围岩的电性差异显著,电阻率稳定或有一定的变化规律,地质体有一定的宽度和延伸长度,接触界面倾角大于30°,覆盖层较薄,地形较平坦。

应用电测深法的有利条件是:一定延伸规模且层位稳定的电性标志层,地电层次不多,相邻电性层间有显著的电阻率差异,水平方向电性稳定,电性层与地质层基本一致,层面与地面交角小于20°,各层厚度相对于埋深不太小,地形较平坦。

应用电阻率法的不利条件是:在探测目的层的上方有电阻率极高或极低的屏蔽层,表层电阻率变化很大且无规律;有严重的工业游散电流和大地电流干扰;地形急剧起伏。

电阻率法可用于解决以下问题:

①第四系覆盖层厚度,划分第四纪与下伏基岩界面。

②含水层的埋深、厚度及分布。

③岩溶、裂隙的埋深及分布。

④覆盖层较薄时基岩风化厚度。

⑤覆盖层较薄时,探查下伏地层中褶皱、岩脉、断层的位置与产状。

⑥探查崩滑体边界条件(裂隙、隐伏裂隙、断裂面、溶蚀面等)、软夹层、崩滑体底部界面(土体富水带、下伏基岩面、滑带等)。

2. 自然电场法

自然电场法是通过观测和研究自然电场的分布以解决地质问题的一种方法,因为被探测的地质体与围岩必须有一定的电阻率差别和较大的接触电位差,所以可以通过此方法进行找矿勘探等。当地下水埋深较浅,流速较大时,探查的地质对象应是脉状或条带状。在探测中,非目的层的松散覆盖层厚度应小于 4 cm,工作区内无高频电台及不稳定工业电流的干扰。

自然电场法用于解决以下问题:

①探测地下水,寻找富水带、地下水通道。圈定渗漏带,测定地下水流向。

②寻找不同岩性接触带、裂隙带及岩脉。

③寻找裂隙、溶洞等。

④寻找崩滑体富水带和充水带,判定滑移式崩塌底部滑带富水性。寻找裂隙,判定裂隙的充水性;探查崩塌体的岩体结构、岩性接触带、破碎带、裂隙带;探查地下采空区、老窿;探查崩积床的埋深、崩积体底部的富水性。

3. 充电法

充电法是将电源的一端接到良导体上,另一端接到无穷远处,供电时良导体成为一个"大电极",其电场分布取决于几何参数、电参数、供电点的位置等。因此,可以通过研究电场的分布规律来了解岩体(矿体)的分布、产状和埋深。充电法应用条件有以下 3 个方面:

①含水层埋藏深度不太深(小于 50 m),含水层数不多,地下水流速较大(大于 1.0 m/d),地下水矿化度微弱的地层。

②要求探测对象的电阻率远远小于围岩电阻率,围岩岩性比较单一,地表介质电性均匀稳定,接地条件良好,没有游散电流的干扰,地形起伏不大。

③岩溶孔洞及裂隙的充填物(或其他地质体)的电阻率远低于围岩的电阻率,且延伸长度大于埋深。埋于地下的充电体必须有露头,或是天然露头或是人工露头(浅井、泉眼、钻孔、坑道等)。

充电法一般用于探测地下暗河、含水层、富水断裂带、地下水流向和流速等。在崩塌勘察中,可用于探测充水裂隙、岩溶的埋深及形态,探测钻孔充水段及地下水的流向、流速,被低电阻率物质充填的裂隙、岩溶、破碎带,还可用于钻孔中的变形监测,尤其在变形较大的土质滑移式崩塌中具有良好效果。

4. 激发极化法

激发极化法是指根据岩石、矿石的激发极化效应来寻找金属和解决水文地质、工程地质等问题的一组电法勘探方法。探测对象要有足够的规模,要求测区内金属矿物、石墨、炭化岩层较少,无严重的工业电流干扰,测区的背景值变化相对稳定,表层有良好的接地条件。

激发极化法用于寻找地下水,与电阻率法配合可有效地确定含水层的埋深、分布范围及开采价值;也可用于探查古洪积扇、岩溶、充水断层破碎带。在崩塌勘察中,探测危岩体内和裂隙内的地下水及采空区内的地下水。

5. 地质雷达探测

地质雷达探测主要用在平斜洞、竖井和地面探测,用于调查地层岩性、断层、裂隙、软夹层、滑带、岩溶、采空区和地下水等。探查崩塌体边界、底界、裂隙充水情况、采空区分布和矿渣压密情况等。

6. 无线电波透视法

无线电波透视法探测的对象必须是良导体或其电阻率远小于围岩的电阻率。探测对象对电波的屏截面(即垂直于传波路径的地质体的截面)足够大,沿传波方向的厚度大,对电磁波能量吸收大。

无线电波透视法主要用于探测岩溶、富水断裂带,地下水及其主要通道和岩层划分。在崩塌勘察中,主要用于勘察充水裂隙、滞水导滑的软夹层、滑带的分布、危岩体内岩溶、富水断裂带及地下水等。

7. 地震勘探

被探测地质体应有一定的厚度,其波速应大于上覆地质体的波速。对于反射波法,反射界面两侧介质的密度和传播速度的乘积(称为介质的波阻抗)不相等且差异大时,界面倾角与地表地形坡度接近或界面倾角较缓($3° \sim 15°$)时效果较好;对于折射波法,要求被探测界面相对地面的视倾角 $\Phi < (90° - i)$(i 为折射波临界角)。

地震勘探可用于解决以下问题:

①探测第四系厚度、下伏基岩埋深及基岩面的形态。

②探测第四系松散沙砾层中潜水面深度,追索埋藏深槽及古河床。

③查明含水层水平和垂直分布形态。

④探查基岩风化程度及风化壳厚度。

⑤探测断层、裂隙、裂缝、隐伏裂隙、岩溶和软夹层等。

⑥探测崩滑体厚度、岩土体结构、滑带、崩塌体边界、底界、控制性结构面(断层、裂隙、软夹层等)、崩塌体内上层滞水及含水层、地下水位、裂隙充水状况;崩塌堆积体厚度、堆积床形态、埋深、崩积体内地下水。还可利用波速对岩体进行工程地质分类,并提供动弹性模量和泊松比等测试成果。

8. 声波探测

声波探测在地面、水面、钻孔、竖井和平斜硐室内均可进行测试。跨孔探测孔距可达 70 m,地质声波剖面测深可达 100 m。

声波探测可用于以下测试:

①岩体动弹性力学参数,如动弹性模量(E_d)、动泊松比(U_d)、动剪切模量(G_d)、动体积压缩模量(K_d)。

②岩体质量评价参数,如岩体完整性系数(I)、岩体风化系数(W)、裂隙系数(N)、岩体弹性波指标(Z_w)、准岩体抗压强度(q_w)。

③岩体结构的弹性波分类及评价(块状结构、层状结构、碎裂结构、散体结构)。

④进行土体的分层及评价。

⑤卸荷带及风化带的测试评价。

⑥断层和断层破碎带的测试。

⑦软弱结构面、滑带的探测及其动弹性力学参数。

⑧硐穴、裂隙定位。

⑨地下硐室及人工边坡开挖松动范围的测定。

⑩地应力测量及岩体内应力变化监测。

⑪岩体灌浆效果检测,混凝土质量检测。

⑫声波地质剖面测制及工程地质单元的划分。

⑬水下地貌及地质结构勘测。

几种物探方法的应用范围及适用条件见表3.7。

表3.7 几种物探方法的应用范围及适用条件

方 法			应用范围	适用条件
直流电法	电阻率法	电测深	了解地层岩性、基岩埋深;了解构造破碎带、滑动带位置,裂隙发育方向;探测含水构造,含水层分布;寻找地下硐穴	探测的岩层要有足够的厚度,岩层倾角不宜大于20°;分层的ρ值有明显差异,在水平方向没有高电阻或低电阻屏蔽;地形比较平坦
		电剖面	探测地层、岩性分界;探测断层破碎带的位置;寻找地下硐穴	分层的电性差异较大
	电位法	自然电场法	判定在岩溶、滑坡及断裂带中地下水的活动情况	地下水埋藏较浅,流速足够大,并有一定矿化度
		充电法	测定地下水流速、流向,测定滑坡的滑动方向和滑动速度	含水层深度小于50 m,流速大于1.0 m/d地下水矿化度微弱,围岩电阻率较大
交流电法		频率测深法	查找岩溶、断层、裂隙及不同岩层界面	
		无线电波透视法	探测溶洞	
		地质雷达	探测岩层界面、硐穴	
地震勘探		直达波法	测定波速,计算土层动弹性参数	
		反射波法	测定不同地层界面	界面两侧介质的波阻抗有明显差异,能形成反射面
		折射波法	测定性质不同地层界面,基岩埋深、断层位置	离开震源一定距离(盲区)才能接收到折射波
		声波探测	测定动弹性参数,监测硐室围岩或边坡应力	
测井		电视测井	观察钻孔井壁	以光源为能源的电视测井不能在浑水中使用,如以超声波为能源则可在浑水或泥浆中使用
		井径测量	测定钻孔直径	

31

（四）应提交的主要物探成果

物探试验结束后,应提交物探实际材料图、各种物探方法的柱状图、剖面图、平面成果图、解译推断地质平面图和剖面图、物探成果验证地质图、典型曲线解译等图,提交动弹性力学参数、岩土体质量评价参数、物探剖面、点位测量成果和物探成果报告及验证报告。

四、坑探工程

（一）坑探工程的含义、种类及特点

坑探工程又称为山地工程,简称"坑探",是指当工作区局部或全部被不厚的表土掩盖时,利用人工方法揭露表土层下地层、地质构造等地质现象的勘察技术手段。坑探分为轻型坑探(试坑、探槽、浅井)和重型坑探(竖井、平斜硐、石门、平巷等),如图3.3、图3.4所示。坑探是地质勘察的重要手段,技术员可直接观测岩土体内部结构、构造、断层软弱夹层、滑带、裂缝、变形和地压等重要地质现象,获取资料直观可靠。还可以进行采样、原位测试,为物探、监测乃至施工创造有利条件。几种常见坑探工程的类型、特点及用途见表3.8、表3.9。坑探工程施工受地层岩性和其他条件限制,为保证施工安全,要认真研究论证防范措施。

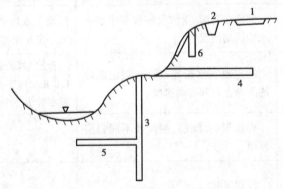

图3.3　常用坑探工程类型示意图
1—探槽;2—试坑;3—竖井;4—平硐;5—石门;6—浅井

图3.4　探槽

表3.8　坑探工程的类型、特点和用途比较

类型	特　　点	用　　途
试坑	深数10 cm的小坑,形状不定	局部剥除地表覆土,揭露基岩
浅井	从地表向下垂直,断面呈圆形或方形,深5~15 m	确定覆盖层及风化层的岩性及厚度,取原状样,载荷试验,渗水试验
探槽	在地表垂直岩层或构造线挖掘成深度不大的(3~5 m)长条形槽子	追索构造线、断层,探查残积坡积层、风化岩石的厚度和岩性
竖井	形状与浅井同,但深度可超过20 m,一般在平缓山坡、漫滩、阶地等岩层较平缓的地方,有时需支护	了解覆盖层厚度及性质、构造线、岩石破碎情况、岩溶、滑坡等,岩层倾角较缓时效果较好
平硐	在地面有出口的水平坑道,深度较大,适用较陡的基岩岩坡	调查斜坡地质构造,对查明地层岩性、软弱夹层、破碎带、风化岩层时,效果较好,还可取样或作原位试验

表3.9　坑探工程的类型、适用条件和优缺点比较

类别 / 比较	探槽(TC)		探井(TJ)		平硐(PD)	斜井(XJ)
含义	是在表土较小的地段,为揭露基岩的地质现象而挖掘的深度较浅的槽状剥土工程		是从地表垂直向下挖掘的坑探工程		是从地表垂直(或沿)地层走向水平掘进的坑探工程	是从地表沿岩层倾向掘进的坑探工程
适用条件	表土厚度<3 m,且地形平缓而岩层倾角较陡或地形坡度较大而岩层倾角较缓的地段		表土厚度>5 m,岩层产状平缓(<25°)		地形切割剧烈的沟谷及地层倾角大的地区	地势适用条件较高、构造简单、表土不厚且岩层露头良好的缓倾斜地区
分类	按用途分	主干槽(长槽)	按深度分	浅井小于10 m	横断面一般为梯形,其规格为:长度小于20 m时,高为1.7 m、顶宽为1 m、底为1.2 m	横断面为梯形,其规格为:高为1.5~1.6 m、顶宽为1 m、底宽为1.2 m,长度取决于地质目的
		追索槽(短槽)		深井大于10 m		
	按断面形状分	矩形槽	按断面形状分	矩形井		
		倒梯形槽		方井		
		台阶形槽		圆井		
布置	尽可能与岩层或构造线走向垂直。长槽1~3条,短槽根据需要布置		尽量选择地势较高、浮土岩性稳定和较薄处		沿岩层走向或垂直于岩层走向布置	布置在地势较高、构造简单的地段
优缺点	使用简便的工具、较少的时间和费用获得较多的资料;产状难测、难采样		可采较深部岩层样等,但需专门人员、设备施工,且较困难		揭露完整地层剖面,但成本高	采样,但排水、支护难

（二）各类地质灾害防治工程勘察坑探工程的使用

1. 危岩-崩塌灾害防治工程勘察坑探工程的使用

（1）试坑

试坑是指在地表挖掘的小圆坑，深度小于 3 m。其特点是简便，便于施工，一般不需支护，常用于剥除浮土、揭露基岩、了解岩石及风化情况，或用作荷载试验及渗水试验。

（2）探槽

探槽是指在地表开挖的长槽形工程，深度一般不超过 3 m，大多不加支护。探槽用于剥除浮土揭示露头，多垂直于岩层走向布设，以期在较短距离内揭示更多的地层。探槽常用于追索构造线、断层、崩滑体边界，揭示地层露头，了解残坡积层的厚度、岩性等。

（3）浅井、竖井

垂直向地下开掘的小断面的探井，深度小于 15 m 的称为浅井，深度大于 15 m 的称为竖井。浅井一般进行简易支护，竖井需进行严格的支护。适用于岩层倾角平缓和地层平坦的地带，多用于探查深部地质现象，如风化岩体的划分、岩土体的结构构造、崩滑体的结构构造、断层、滑带、溃屈带、软夹层、裂隙和溶洞等，以及进行现场原位试验及变形监测。

（4）平斜硐

平斜硐是指近水平或倾斜开掘的探硐，一般断面为 1.8 m×2 m，进行一般支护或永久性支护。适用于岩层倾角较陡及斜坡地段，常用于勘察地层岩性、岩体结构构造、断层裂隙、滑带、破碎带、溃屈带、裂隙和溶洞等，并用于取样、现场原位试验及现场监测，还可兼顾今后防治工程施工。

（5）平巷、石门

平巷、石门是指在岩层中开凿的、不直通地面、与岩（煤）层走向垂直或斜交的岩石平巷，一般是与竖井相连接的近水平坑道，往往用于地形平坦、覆土很厚且其下岩层倾角较陡的情况。由于工程复杂，耗资大，一般不常用。

（6）重型坑探工程在危岩-崩塌中的应用

重型坑探工程应布置在主勘探线上，平斜硐方向应与主勘探剖面方向一致，一般宜布设于崩滑体前缘和底部，主要用于揭露底部边界、采空区、崩滑带、溃屈带、变形弯曲带、控制性软夹层、裂隙延伸和地下水等情况。平斜硐纵穿整个崩滑体底部，深度应进入不动体基岩 5 m，也可在不同高程上或同一高程上分几条布设。采用重型坑探工程时，需编制专门的"重型坑探工程勘察设计"或在总体勘察设计中列入"重型坑探工程设计"的专门章节。设计书的内容应包括：

①坑探工程场地附近地形、地质概况。

②掘进目的。

③掘进断面、深度、坡度。

④施工条件及施工技术要求：岩性及硬度等级、破碎情况、掘进的难易程度、掘进方法及技术要求、支护要求、地压控制、水文地质条件、地下水、掘进时涌水的可能性及地段、防护及排水措施、通风、照明、有毒有害气体的防范、其他施工问题、施工安全及施工巷道断面监测、施工动力条件、施工运输条件、施工场地安排、施工材料、施工顺序、施工进度、排渣及排渣场地与环境

保护等。

⑤地质要求：掘进方法的限制、施工顺序、施工进度控制、现场原位试验要求、取样要求、地质编录要求、验收要求及应提交的成果等。

2. 滑坡灾害防治工程勘察坑探工程的使用

坑探工程主要用于查明滑坡的内部特征，如滑坡床的位置、形状、塑性变形带特征、滑坡体的岩体结构和水文地质特征等。一般情况下，对滑坡周界的确定，常采用坑、探槽；为查明滑坡体内部的诸特征，常采用竖井；在滑坡体厚度较大，且地形有利的情况下（如滑坡邻近地段有深陡临空面等），可采用探硐。

①剥土、浅坑和探槽等轻型坑探工程，用于了解滑坡体的边界、岩土体界线、构造破碎带宽度、滑动面（带）的岩性、埋深及产状，揭露地下水的出露情况等。

②探井（竖井）工程主要布置在土质滑坡与软岩滑坡分布区，直接观察滑动面（带），并采样试验。必要时留作长期观测，其技术要求可参照有关规定执行。

③平硐主要用于某些规模较大、成灾地质条件较复杂，滑动面（带）不清楚或复杂的滑坡（如岩质滑坡、堆积层滑坡等）。含地下水较丰富时，可考虑选择适当位置施工 1~2 条平硐即仰斜坑道，力求查明滑体结构、滑动面（带）性质及其变化、含水层位及其水量等重要问题。如果效果良好，还可在硐内采样测试、定点观测和自然排水，使之一硐多用。

3. 泥石流灾害防治工程勘察坑探工程的使用

轻型坑探工程因不受地形条件的限制，施工快且方便，又能更好地揭示地表以下岩、土的基本特征，在泥石流灾害勘察中是主要手段之一。

（1）探槽的技术及质量要求

探槽布置应结合勘探点的岩土产状及岩土的物理性质，并考虑影响施工的重要因素，如交通、气候、水文地质等条件。探槽长度以需要为准，深度不超过 3.0 m，底宽不小于 0.6 m，其两壁的坡度按土质和探槽的深浅合理放坡：

①深 1.0 m 的浅槽中，两壁坡度为 90°。

②深 1.0~3.0 m 的探槽中，密实土层为 70°~80°，松散土层为 60°~70°，在潮湿、松土层中不应大于 55°。

探槽掘进中，若人工掘进，禁止采用挖空槽壁底部使之自然塌落的方法；禁止采用爆破法，槽壁应保持平整，松石及时清除，严禁在悬石下作业，槽口两边 0.5 m 以内不得有堆放的土石和工具。槽内有两人以上工作时，要保持 3 m 以上的安全距离，在松散、易坍塌的地层中掘进，两壁应及时支护。凡影响人畜安全的探槽，在取得地质成果后，必须及时回填。

（2）试坑、浅井的技术要求

在泥石流的形成区、流通区及堆积区需要进行现场试验的试坑，其开口的规格，圆形直径一般为 50 cm，方形为 50 cm×50 cm，深度要求在剥去表层之后不小于 0.5 m。泥石流勘察中，浅井深一般不超过 10 m，其开口规格，圆形直径为 0.8~1.0 m，长方井断面尺寸长×宽为 1.2 m×0.8 m 或 1.2 m×1.0 m。考虑泥石流物质组成颗粒大小差异大，其开口可适当放大，也可采用梯级开挖。

4. 岩溶塌陷灾害防治工程勘察坑探工程的使用

一般采用剥土、试坑、探槽和浅井等，配合钻探工程，其目的是清除浮土，以便更清晰地直接观察探查对象。其任务是了解岩、土层界线,构造形迹,破碎带宽度,岩溶形态(溶沟、溶槽、溶蚀裂隙等),浅部土硐发育情况,包气带岩层的渗透性以及进行采样或现场试验。试坑、探槽的深度一般不超过 3 m;浅井在有特殊需要时采用,深度不超过 10 m,需作专门支护。

五、钻探工程

(一)钻探工程的含义

钻探工程(简称"钻探")是指利用钻探机械,在岩土层中钻进直径小而深度大的圆孔(即钻孔)以取得岩芯(粉)进行观测研究得到地质资料的勘察技术手段。钻探用于获得地下和斜坡深部的地质资料。它具有成果(岩芯等)直观准确并能长期保存,还可以进行综合测井、录像和跨孔探测,并可用于长观和变形监测等优点。因此,钻探工程是地质灾害工程勘察中普遍采用的技术手段,通过钻探主要可以获取工作区以下地质资料:

①探明地层的岩性、时代、层位、厚度、深度等。

②覆盖层及基岩的特征。

③岩层的倾角、岩芯中裂隙的倾角与性质、断层(带)的位置和倾角与性质、褶曲形态等地质构造特征。

④地下水埋深、含水层类型和厚度及岩溶情况。

⑤通过钻探的钻孔采取原状岩土样和做现场力学试验。

(二)钻探机械

钻探中所用的岩芯钻机是用于取芯的专业机械,是由多台设备组成的一套联合机组。主要包括动力机组、动力传动机组、提升设备、旋转设备、循环设备、仪器仪表及控制系统等,如图3.5 所示。起升系统由绞车(主滚筒、辅助滚筒、主刹车、辅助刹车)、游动系统(天车、游动滑车、钢丝绳)、大钩、井架组成,作用是起下钻具,下套管,控制钻进;旋转系统由转盘、水龙头组成,起旋转钻具(在钻压作用下旋转钻具破碎岩石)的作用;循环系统是由钻井泵、高压管汇、钻井液处理系统(泥浆罐、固控设备、泥浆调配设备)组成,其中,钻井液的主要作用是及时清除井底破碎的钻屑并将钻屑携带至地面,冷却钻头,稳定井壁,控制地层压力等;动力系统是柴油机或柴油机发电机或电动机,主要是为绞车、转盘、钻井泵提供动力。

地质灾害防治工程勘察常用简易、轻便的 SH-30 钻机回转钻进,如图3.6 所示,对软土用薄壁取土器;对松散的砂卵石层采用冲击钻进或振动钻进;对软弱地层或破碎带采用干钻法、双层岩芯管法。

钻探的常规口径为:开孔 168 mm,终孔 91 mm。有些工程还采用大口径或小口径钻进方法。

(三)钻孔

钻孔是通过机械回转或冲击钻进,向地下钻成的直径小而深度大的圆孔。钻杆的直径尺寸为 46~1 500 mm,小于 76 mm 的为小口径钻进。

地质灾害勘察常用钻孔类型如下:

①铅直孔。倾角 90°,在工程地质钻探中这类孔较常用,适于查明岩浆岩的岩性岩相、岩石风化壳、基岩面以上第四纪覆盖层厚度及性质、缓倾角的沉积及断裂等。做压水试验的钻孔一般都采用铅直孔。

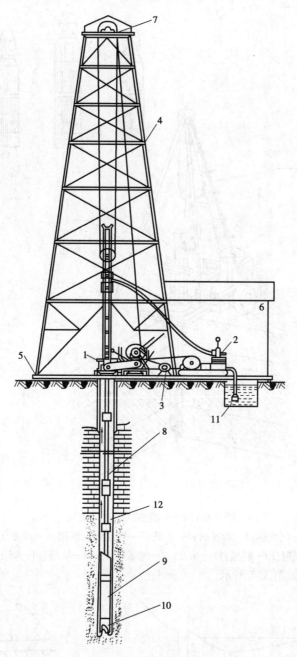

图 3.5　钻探机械设备组成及钻孔
1—钻机;2—水泵;3—动力机;4—钻塔;5—机台;6—钻场;
7—天车;8—钻杆;9—岩芯管;10—钻头;11—水箱;12—钻孔

　　②斜孔。倾角小于90°,且应定出倾斜的方向。当沉积岩层倾角较大(>60°),或陡倾的断层破碎带,常以与岩层或断层倾向相反的方向斜向钻进。但是斜孔钻进技术要求较高,常易发生孔身偏斜,使地质解释工作产生误差,在软硬相间的岩层中钻进,这种现象尤为严重。

　　③水平孔。倾角为0°,一般在坑探工程中布置,可作为平硐、石门的延续,用以查明河底地质结构、进行岩体应力量测、超前探水和排水。在河谷斜坡地段用以探查岸坡地质结构及卸

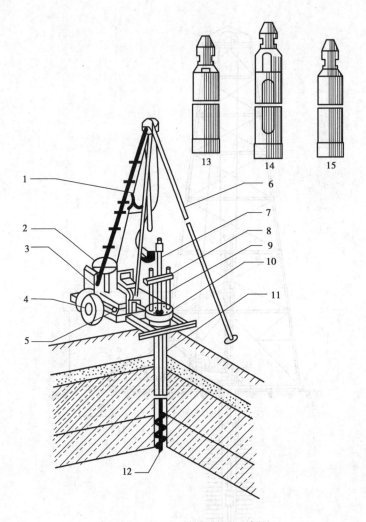

图 3.6 SH-30 型钻机钻进示意图

1—钢丝绳;2—汽油机;3—卷扬机;4—车轮;5—变速箱及纵把;6—四腿支架;7—钻杆;

8—钻杆夹;9—拨棍;10—转盘;11—钻孔;12—螺旋钻头;13—抽筒;14—劈土钻;15—劈石钻

荷裂隙,效果也较好,如图 3.7 所示。

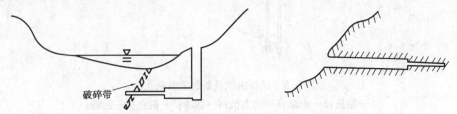

图 3.7 用水平孔勘探河底地质结构及斜坡

④定向孔。采用一定的技术措施,可使钻孔随着深度的变化有规律地弯曲,进行定向钻进,如岩层上缓下陡时[(图 3.8(a)]或在一个孔中控制多个定向分枝孔,共同钻探同一目的层[图 3.8(b)]。定向钻进的技术措施比较复杂。近年来,国内外广泛采用在一个孔位上钻多个不同方向的定向斜孔的布置方案[图 3.8(c)],效果极佳。

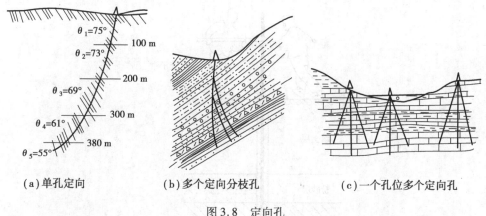

（a）单孔定向　　　　（b）多个定向分枝孔　　　　（c）一个孔位多个定向孔

图 3.8　定向孔

（四）钻探方法

岩土钻探受地层条件、钻孔深度、口径大小、地下水位及设计要求不同，所采用的钻探工艺也各异，有人力和机械两种钻进。人力钻进常见的是洛阳铲和麻花钻，机械钻进有冲击钻探、回转钻探和振动钻探。

1. 洛阳铲

常见的洛阳铲呈半圆筒形，长 20～40 cm，直径 5～20 cm，装上富有韧性的木杆后，可打入地下十几米。通过对铲头带出的土壤结构、颜色和包含物的辨别，可以判断土质。这种铲子只有洛阳几家手工艺作坊生产，而且至今只能手工制造。目前，洛阳铲已不再是考古界的专有工具，在建筑、公路、铁路、矿山等领域，特别是在地基灌桩和地质勘探等方面，洛阳铲也是必不可少的工具，如图 3.9 所示。

图 3.9　洛阳铲

2. 麻花钻

麻花钻主要设备是每节长 1 m 的钢管钻杆和管子钳。首节端部为麻花形钻头，用人工加压回转钻进，孔径较小，随着进尺靠钢管两端螺纹接长。适用于黏性土及亚砂土地层，可在现场鉴别土的性质。它与挖探和轻便触探配合，适用于地质条件简单的小型工程的简易勘探，能取得扰动土样，如图 3.10 所示。

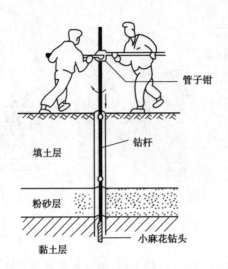

管子钳

钻杆

填土层

粉砂层

小麻花钻头

黏土层

图3.10　小型麻花钻探示意图

（五）各类地质灾害防治工程勘察钻探工程的应用

1.危岩-崩塌灾害防治工程勘察钻探工程的应用

①查明崩塌（危岩体）岩土体的岩性、地质构造、岩土体结构、节理、断层、褶皱、破碎带、软夹层、风化带、岩溶及崩塌体的边界、底界、崩滑带、溃屈带、形态特征及规模。

②查明崩塌堆积体的厚度、结构、形体特征、崩积床的形态、地质构成与崩积体的界面特征。

③探查崩塌体（危岩体）和崩塌堆积体的水文地质条件、地下水水位，获取地下水水样。

④探测隐伏裂隙和地表裂隙及其深度、发育特征、充填情况、充水情况及连通情况，可进行跨孔物探探测。

⑤钻孔取样进行室内岩土体物理力学试验，水文地质野外测试（钻孔压水、抽水、注水、扩散试验等）和长期观测，确定水文地质参数及查证崩滑带位置及特征。

⑥钻孔物探综合测井和跨孔探测，拓宽物探的勘察范围，验证物探成果，提高其成果的准确性。

⑦崩塌变形长期监测和施工期变形监测。

2.滑坡灾害防治工程勘察钻探工程的应用

滑坡勘察时，钻探的主要目的是查明滑坡及其邻近地段斜坡的地质结构，评价滑坡的稳定性及其工程建筑物的危害程度，为防治滑坡提供地质依据。钻探的主要任务是：

①查明滑坡岩土体的岩性，特别是软弱夹层、软土的层位岩性、厚度及其空间变化规律。

②查明滑坡体内透水、含水层（组）的岩性、厚度、埋藏条件、地下水的水位、水量及水质。

③采取滑坡床（带）岩、土和水体样品进行室内及野外试验，了解岩土体的工程地质性质及其变化。

④利用钻孔进行抽水试验及地下水动态观测，在孔内安装仪器对滑坡体位移及变形进行长期观测。

⑤验证物探异常或争议问题。

3.泥石流灾害防治工程勘察钻探工程的应用

①在泥石流形成区，钻探的任务是在松散物源集中堆积体中（如滑坡、崩塌、岩堆和巨厚

的冰水堆积层等)揭露其物质组成、结构、厚度;在基岩地层中揭露岩层的结构、构造、风化程度和风化厚度,为计算物源数量提供可靠的数据。

②在泥石流堆积区,钻探查明堆积物的性质、结构、层次及粒径的大小和分布。成果资料用于分析泥石流的物质来源、搬运的距离,泥石流发生的频率及一次最大堆积量。

③在泥石流可能采取防治工程的沟段,钻探工程应划分不同的工程地质单元,查明各类岩土的岩性、结构、厚度和分布,为防治工程的设计和提供岩土的物理力学及水理性质的指标。

④配合完成在钻孔中所需进行的原位测试工作(如标准贯入试验、动力触探试验和波速测试等)。为了解岩土的渗透系数,在钻孔中进行压水(注水)试验和抽水试验。

⑤在钻孔中采集不同工程地质单元的岩、土、水试样。

4. 岩溶塌陷灾害防治工程勘察钻探工程的应用

钻探工作的目的是揭露地表以下各种地质体的埋藏条件、形态特征与空间分布,为研究岩溶塌陷的发育规律和防治方案的论证提供地质依据。其主要任务是:

①查明第四纪覆盖层的岩性、结构、厚度,空间分布与变化规律,划分土体结构类型,确定第四纪底部缺失黏性土层的"天窗"地段。

②查明可溶岩的层位、岩性、结构、产状及其与非可溶岩的接触关系,划分岩溶层组类型;确定基岩面的起伏与隐伏的溶沟溶槽、洼地、漏斗、槽谷等岩溶形态的分布与特征;查明断裂破碎带的产状、规模、构造岩结构特征与胶结程度。

③查明土硐的发育和分布特征,确定地下岩溶形态、规模、充填及其空间变化规律,包括在水平方向上岩溶发育的不均一性和在垂直方向上岩溶发育随深度减弱的趋势,统计钻孔遇洞率和钻孔线岩溶率,研究判定岩溶强烈发育的区段或地带及岩溶强发育带的深度。

④查明岩溶含水层与上覆松散地层孔隙(裂隙)含水层的分布与埋藏条件、富水性与渗透性、水质及其流场特征,确定各含水层之间及与附近地表水体的水力联系、水力坡降或水位差。

⑤进行岩、土、水取样试验及野外测试,了解岩、土体的工程地质性质和水的化学性质及其空间变化规律。

六、取样和测试

(一)取样

取样是指在地质灾害防治工程勘察中,从地质研究对象中采取一小部分供室内化验或试验用样品的过程。

取样的地点:取样在地质灾害勘察中是必不可少的、经常性的工作。除了在地面工程地质测绘调查和坑探工程中采取试样外,主要是在钻孔中采取。

取样的种类:为定量评价岩土工程问题而提供室内试验的样品,包括岩样、土样和水样。

取样的基本要求:反映样品的自然特征;保证样品的代表性(采正常样品);取样的质量、数量、长度要符合规定;样品的包装、缩制、送验等均按规程进行操作。

关于试样的代表性,从取样角度来说,需考虑取样的位置、数量和技术问题。岩土体一般为非均质体,其性状指标是一定空间范围的随机变量。因此,取样的位置在一定的单元体内应力求在不同方向上均匀分布,以反映趋势性的变化。样本的大小关系到总体特性指标(包括均值、方差及置信区间)估计的精确度和可靠度。考虑到取样的成本,需要从技术和经济两个方面权衡,合理地确定取样的数量。根据地质灾害防治勘察设计要求,不同试样的用途不一样。例如,有的试样主要用于岩土分类定名;有的主要用于研究其物理性质;而有的除上述用途外,还要研究其力学性质。为了保证所取试样符合试验要求,必须采用合适的取样技术。

钻孔中采取土样的技术问题,包括土样的质量等级、取样器具及取样方法等问题。

1. 土样的质量等级

土样的质量实质上是土样的扰动问题。土样扰动表现在原位应力状态、含水率、结构和组成成分等方面的变化,它们产生于取样之前、取样之中、取样之后直至试样制备的全过程之中。

土样扰动对试验成果的影响是多方面的,使之不能确切表征实际的岩土体。从理论上讲,除了应力状态的变化以及由此引起的卸荷回弹是不可避免的以外,其余的都可以通过适当的取样器具和操作方法来克服或减轻。实际中,完全不扰动的真正原状土样是无法取得的。有的学者从实用观点出发,提出对"不扰动土样"或"原状土样"的基本质量要求是:

①没有结构扰动。

②没有含水率和孔隙比的变化。

③没有物理成分和化学成分的改变。

由于不同试验项目对土样扰动程度有不同的控制要求,因此,许多国家的规范或手册中都根据不同的试验要求来划分土样质量级别。

我国《岩土工程勘察规范》(GB 50021—2017)对土样质量级别作了四级划分,并明确规定各级土样能进行的试验项目(表3.10)。其中,Ⅰ、Ⅱ级土样相当于原状土样,但Ⅰ级土样比Ⅱ级土样有更高的要求。表3.10中对四级土样扰动程度的区分只是定性的和相对的,没有严格的定量标准。

表3.10　土样质量等级划分表

等级	扰动程度	试验内容
Ⅰ	不扰动	土类定名、含水率、密度、压缩变形、抗剪强度
Ⅱ	轻微扰动	土类定名、含水率、密度
Ⅲ	显著扰动	土类定名、含水率
Ⅳ	完全扰动	土类定名

2. 钻孔取土器及其适用条件

目前,有多种评价土样扰动程度的方法,但在实际工程中不可能对所取土样的扰动程度作详细研究和定量评价,只能对采取某一级别土样所必须使用的器具和操作方法作规定。此外,还要通过土层特点、操作水平和地区经验来判断所取土样是否达到了预期的质量等级。

取样过程中,对土样扰动程度影响最大的因素是取样方法和取样工具。从取样方法来看,主要有两种:一是从探井、探槽中直接刻取样品;二是用钻孔取土器从钻孔中采取。目前,各种岩土样品的采取主要采用第二种方法,即用钻孔取土器采样。

取土器是影响土样质量的重要因素,对取土器的基本要求是:尽可能使土样不受或少受扰动;能顺利切入土层中,并取上土样;结构简单且使用方便。

(1)取土器的基本技术参数

取土器的取土质量,首先取决于取样管的几何尺寸和形状。目前,国内外钻孔取土器有贯入式和回转式两大类。以国内主要使用的贯入式取土器来说,有6种基本技术参数(表3.11、

表3.12、图3.11)。

表3.11　贯入式取土器技术参数

取土器 技术参数	厚壁 取土器	薄壁取土器			束节式 取土器	黄土 取土器
		敞口自 由活塞	水压固 定活塞	固定 活塞		
面积比 C_a/%	13~20	≤10	10~13		管靴薄壁段同 薄壁取土器,长 度不小于内径 的3倍	15
内间隙比 C_i/%	0.5~1.5	0		0.5~1.0		1.5
外间隙比 C_o/%	0~2.0	0				1.0
刃口角度 α/(°)	<10	5~10				10
长度 L/mm	400,550	砂土:(5~10)D_e 黏性土:(10~15)D_e				
外径 D_t/mm	75~89,108	75,100			50,75,100	127
衬管	整圆或半合 管,塑料、酚 醛层压纸或 镀锌铁皮 制成	无衬管			塑料、酚醛层压 纸或用环刀	塑料、酚 醛层压纸

表3.12　回转型取土器技术参数

取土器类型		外径/mm	土样直径/mm	长度/mm	内管超前	说明
双重管(加 衬管即为 三重管)	单动	102	71	1 500	固定	直径规格可视材料 规格稍作变动,单土 样直径不得小于 71 mm
		140	104		可调	
	双动	102	71		固定	
		140	104		可调	

1)取样管直径(D)

目前,土试样的直径多为50 mm或80 mm。考虑到边缘的扰动,相应地取样管内径(D_s)为75 mm或100 mm。对于饱和软黏土、湿陷性黄土等某些特殊土类,取样管直径应更大些(150~250 mm)。

2)面积比(C_a)

对于无管靴的薄壁取土器,$D_w = D_t$。C_a 值越大,土样被扰动的可能性越大。一般采取高质量土样的薄壁取土器,其 $C_a < 10\%$,采取低级别土样的厚壁取土器,其 C_a 值可达30%。

3)内间隙比(C_i)

C_i 的作用是减小取样管内壁与土样间因摩擦而引起对土样的扰动,C_i 的最佳值随着土样直径的增大而减小。国内生产的各种取土器的 C_i 值为0~1.5%。

$$C_a = \frac{D_w^2 - D_e^2}{D_e^2} \times 100(\%) \qquad C_i = \frac{D_s - D_e}{D_e} \times 100(\%) \qquad C_o = \frac{D_w - D_t}{D_t} \times 100(\%)$$

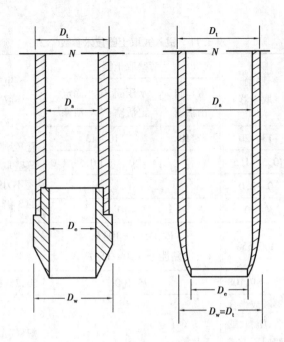

图 3.11　取样管规格

D_t—取样管外径；D_e—取土器刃口内径；D_s—取样管内径，加衬管时为衬管内径；D_w—取土器管靴外径

4）外间隙比（C_o）

C_o 的作用是减小取样管外壁与土层的摩擦，以使取土器能顺利入土。国内生产的各种取土器 C_o 值为 0～2%。

5）取样管长度（L）

取样管长度要满足各项试验的要求。考虑到取样时土样上、下端受扰动以及制样时试样破损等因素，取样管长度应比实际所需试样长度长些。

关于取样管的直径与长度，有两种不同的设计思路：一种主张短而粗；另一种主张长而细。两者优缺点互补。中国过去沿用苏联短而粗的标准，但目前国际比较通用的是长而细的标准，它能满足更多试验项目的要求。

6）刃口角度（α）

α 也是影响土样质量的重要因素。该值越小，土样的质量越好。如果 α 过小，刃口易于受损，其加工处理技术和对材料的要求也更高，势必会提高成本。国内生产的取土器 α 值一般为 5°～10°。

（2）取土器的基本类型

1）贯入式取土器

贯入式取土器取样时，采用击入或压入的方法将取土器贯入土中。这类取土器又可分为敞口取土器和活塞取土器两类。敞口取土器按取样管壁厚分厚壁、薄壁和束节式 3 种，如图3.12 所示；活塞取土器分为固定活塞薄壁取土器、水压固定活塞取土器、自由活塞取土器等，如图3.13所示。

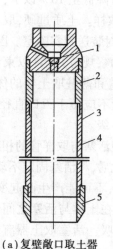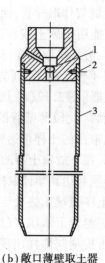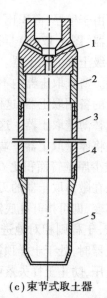

（a）复壁敞口取土器　　　　（b）敞口薄壁取土器　　　　　（c）束节式取土器

1—球阀;2—废土管;3—半合取样管;　　1—球阀;2—固定螺钉;　　　　1—球阀;2—废土管;3—半合取样管;
4—衬管;5—加厚管靴　　　　　3—敞口薄壁取土管　　　　4—衬管或环刀;5—束节取样管靴

图 3.12　敞口取土器的种类

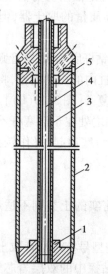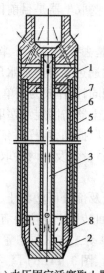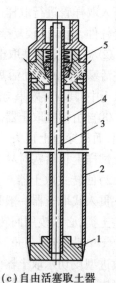

（a）固定活塞薄壁取土器　　　（b）水压固定活塞取土器　　　（c）自由活塞取土器

1—固定活塞;2—薄壁取样管;　　1—可动活塞;2—固定活塞;3—活塞杆;　　1—活塞;2—薄壁取样管;
3—活塞杆;4—消除真空杆;　　4—压力缸;5—竖向导管;6—取样管;　　3—活塞杆;4—消除真空杆;
5—固定螺钉　　　　　　7—衬管(采用薄壁管时无衬管);　　　5—弹簧锥卡
　　　　　　　　8—取样管刃靴(采用薄壁管时无
　　　　　　　　　单独刃靴)

图 3.13　活塞取土器的种类

　　敞口取土器是最简单的取土器,其优点是结构简单,取样操作方便;缺点是不易控制土样
质量,土样易于脱落。在取样管内加装内衬管的取土器称为复壁敞口取土器[图 3.12(a)],其
外管多采用半合管,易于卸出衬管和土样。其下接厚壁管靴,能应用于软硬变化范围很大的多

种土类。由于壁厚，面积比 C_a 可达 30% ~ 40%，对土样扰动大，只能取得 II 级以下的土样。薄壁取土器[图 3.12(b)]可只用一薄壁无缝管作取样管，面积比 C_a 可降低至 10% 以下，可作为采取 I 级土样的取土器。薄壁取土器只能用于软土或较疏松的土取样。土质过硬，取土器易于受损。薄壁取土器内不可能设衬管，一般是将取样管与土样一同封装送到实验室。因此，需要大量的备用取土器，这样既不经济，又不便于携带。《岩土工程勘察规范》允许以束节式取土器代替薄壁取土器。这种束节式取土器[图 3.12(c)]综合了厚壁和薄壁取土器的优点，其特点是将厚壁取土器下端口段改为薄壁管(此段薄壁管的长度一般不应短于刃口直径的 3 倍)，以减少厚壁管面积比 C_a 的不利影响，取出的土样可达到或接近 I 级。

如果在敞口取土器的刃口部装一活塞，在下放取土器的过程中，使活塞与取样管的相对位置保持不变，即可排开孔底浮土，使取土器顺利达到预计取样位置。此后，将活塞固定不动，贯入取样管，土样则相对地进入取样管，但土样顶端始终处于活塞之下，不可能产生凸起变形。回提取土器时，处于土样顶端的活塞即可隔绝上下水压、气压，也可以在土样与活塞之间保持一定的负压，防止土样失落而又不至于像上提活阀那样出现过分的抽吸。活塞取土器有以下 3 种：

①固定活塞取土器。在敞口薄壁取土器内增加一个活塞以及一套与之相连接的活塞杆，活塞杆可通过取土器的头部并经由钻杆的中空延伸至地面[图 3.13(a)]。下放取土器时，活塞处于取样管刃口端部，活塞杆与钻杆同步下放，到达取样位置后，固定活塞杆与活塞，通过钻杆压入取样管进行取样。固定活塞薄壁取土器是目前国际公认的高质量的取土器，但因需要两套杆件，操作比较复杂。

②水压固定活塞取土器。其特点是去掉了活塞杆，将活塞连接在钻杆底端，取样管则与另一套在活塞缸内的可动活塞联结，取样时通过钻杆施加水压，驱动活塞缸内的可动活塞，将取样管压入土中，其取样效果与固定活塞式相同，操作较为简单，但结构仍较复杂[图 3.13(b)]。

③自由活塞取土器。自由活塞取土器与固定活塞取土器的不同之处在于活塞杆不延伸至地面，而只穿过上接头，用弹簧锥卡予以控制，取样时依靠土试样将活塞顶起，操作较为简便。但土试样上顶活塞时易受扰动，取样质量不及上两种取土器[图 3.13(c)]。

2)回转式取土器

贯入式取土器一般只适用于软土及部分可塑状土，对于坚硬、密实的土类则不适用，对于这些土类，必须改用回转式取土器。回转取土器主要有两种类型：

①单动二重(三重)管取土器。单动二重(三重)管取土器(代表型号有丹尼森取土器和它的改进型皮切尔取土器)[(图 3.14(a)、图 3.14(b)]。类似于岩芯钻探中的双层岩芯管，如在内管内再加衬管，则成为三重管，其内管一般与外管齐平或稍超前于外管。取样时外管旋转，而内管保持不动，故称单动。内管容纳土样并保护土样不受循环液的冲蚀。回转取土器取样时采用循环液冷却钻头并携带岩土碎屑。

②双动二重(三重)管取土器。双动二重(三重)管取土器是指取样时内管、外管同时旋转，适用于硬黏土、密实的砂砾石土以及软岩。内管回转虽然会产生较大的扰动影响，但对于坚硬密实的土层，这种扰动影响不大[图 3.14(c)]。

单动型取土器适用于软塑—坚硬状态的黏性土和粉土、粉细砂土，土样质量 I ~ II 级；双动型取土器适用于硬塑—坚硬状态的黏性土、中砂、粗砂、砾砂、碎石土及软岩，土样质量也为 I ~ II 级。

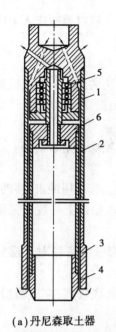

（a）丹尼森取土器

1—外管;2—内管(取样管及衬管);
3—外管钻头;4—内管管靴;5—轴
承;6—内管头(内装逆止阀)

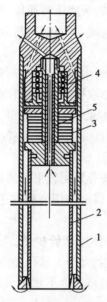

（b）皮切尔取土器

1—外管;2—内管(取样管及衬管);
3—调节弹簧(压缩状态);
4—轴承;5—滑动阀

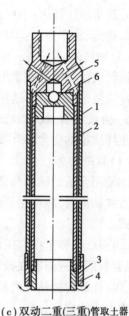

（c）双动二重(三重)管取土器

1—外管;2—内管(取样管及衬管);
3—外管钻头;4—内管钻头;
5—取土器头部;6—逆止阀

图3.14 回转式取土器的种类

3．钻孔中采取原状土样的方法

（1）击入法

击入法是指用人力或机械力操纵落锤,将取土器击入土中的取土方法。

击入法按锤击次数分为轻锤多击法和重锤少击法:①轻锤多击法是用人力或机械操纵落锤,锤击次数多,其速度及下击力往往不均匀,钻杆的摆动也大,故对土试样的扰动较大,一般不采用。②重锤少击法是用重锤以少击快速将取土器击入土中。根据取样试验比较,重锤少击法比轻锤多击法取土质量好,以重锤一次击入更好。

击入法按锤击位置分为上击法和下击法:①在钻孔以上(孔口外)用落锤打击钻杆而击入取土器的称为上击法。采用上击法取样时,在落锤和钻杆自重作用下,钻杆易产生纵向弯曲。由于钻杆弯曲能使钻杆振动而吸收部分冲击能量,使钻杆与孔壁产生摩擦而增大阻力,引起锤击数增加,因此,上击法取样不如下击法取样优越。②下击法是通过钻杆或钢丝绳将重锤或加重杆在钻孔内部直接锤击取土器取样。采用下击法能使冲击能量集中在取土器上,避免了钻杆引起的能量消耗,有利于提高取样质量。经过取样试验比较,就取样质量而言,下击法优于上击法。

（2）压入法

压入法可分为慢速压入法和快速压入法两种。

①慢速压入法是用杠杆、千斤顶、钻机手把等加压,取土器进入土层的过程是不连续的,在取样过程中对土试样有一定程度的扰动,但扰动程度较轻锤多击法小。

②快速压入法是将取土器快速、均匀地压入土中,采用这种方法对土试样的扰动程度最小。快速压入法又分为以下两种:

47

a. 活塞油压筒法：采用比取土器稍长的活塞压筒通以高压，强迫取土器以等速压入土中。

b. 钢绳、滑车组法：借机械力量通过钢绳、滑车装置将取土器压入土中。

（3）回转法

回转法使用回转式取土器取样，取样时内管压入取样，外管回转削切的废土一般用机械钻机靠冲洗液带出孔口。这种方法可以减小取样时对土试样的扰动，从而提高取样质量。

4. 钻孔中采取原状土样的操作要求

土样质量的优劣，不仅取决于取土器具，还取决于取样全过程的各项操作是否恰当。

（1）钻进要求

①使用合适的钻具与钻进方法。一般应采用较平稳的回转式钻进。若采用冲击、振动、水冲等方式钻进时，应在预计取样位置 1 m 以上改用回转钻进。在地下水位以上一般应采用干钻方式。

②在软土、砂土中宜用泥浆护壁。若使用套管护壁，应注意旋入套管时管靴对土层的扰动，且套管底部应限制在预计取样深度以上大于 3 倍孔径的距离。

③应注意保持钻孔内的水头等于或稍高于地下水位，以避免产生孔底管涌，在饱和粉、细砂土中尤应注意。

（2）取样要求

①到达预计取样位置后，要仔细清除孔底浮土。孔底允许残留浮土厚度不能大于取土器废土段长度。清除浮土时，应注意避免扰动待取土样的土层。

②下放取土器必须平稳，避免侧刮孔壁。取土器入孔底时应轻放，以避免撞击孔底而扰动土层。

③贯入取土器力求快速连续，最好采用静压方式。如采用锤击法，应做到重锤少击，且应有导向装置，以避免锤击时摇晃。饱和粉、细砂土和软黏土，必须采用静压法取样。

④当土样贯满取土器后，在提升取土器前应旋转 2~3 圈，也可静置约 10 min，以使土样根部与母体顺利分离，减少逃土的可能性。提升时要平稳，切忌陡然升降或碰撞孔壁，以免失落土样。

（3）土样的封装和储存

①Ⅰ、Ⅱ、Ⅲ级土样应妥善密封。密封方法有蜡封和黏胶带缠绕等。应避免暴晒和冰冻。

②尽可能缩短取样至试验之间的储存时间，一般不宜超过 3 周。

③土样在运输途中要避免振动。对易于振动液化和水分离析的土样应就近进行试验。

（二）测试

1. 测试的一般规定

①对危岩体及其母岩、基座应采样作物性、抗压强度及变形试验。对受抗拉强度控制的危岩应采样作抗拉强度试验；对受抗剪强度控制的危岩应采样作室内抗剪强度试验，有条件时应进行现场抗剪强度试验。

②滑体土、滑带土测试指标应包括天然重度、饱和重度、含水量、压缩系数、液限、塑限、给水度、天然及饱和状态的黏聚力和内摩擦角。对于滑体土宜采用原状土三轴压缩试验。直接剪切试验结果应包括峰值强度指标和残余强度指标。滑体土、滑带土的剪切试验应以原状土的天然快剪、饱和快剪为主。当无法采得不扰动土样时，也可作重塑土的剪切试验。对滑床岩土体应作常规土工试验或岩石物性、强度及变形试验。

③对泥石流除采样作常规土工试验和岩石物性、强度及变形试验外,还应在堆积区进行固体物质含量、颗粒分析、泥石流体稠度及底摩擦带抗剪强度的现场试验。

④对塌岸除采样作常规土工试验和岩石物性、强度及变形试验外,对土质岸坡或岩土混合岸坡还应做颗粒分析。正常蓄水位以下部位岩土样品应作饱和试验。

⑤滑坡、泥石流、塌岸勘察应根据需要进行岩土体的现场渗透试验。

⑥在钻孔中采集岩样时,样品直径(岩芯直径)不应小于 85 mm,高度不应小于 150 mm,所采样品应及时进行蜡封。

⑦土样应尽量避免扰动。在槽井中采集原状土样时,其规格不应小于 200 mm × 200 mm × 200 mm;对中型剪试样其规格不应小于 300 mm × 300 mm × 300 mm,并标明可能滑动方向。在钻孔中采集原状土样时,应使用薄壁取土器,采用静力连续压入法,样品直径(岩芯直径)不应小于 89 mm,高度不应小于 150 mm,所采样品应及时进行蜡封。

⑧当无法判定勘察区地表水和地下水的腐蚀性时,应采集水样进行腐蚀性评价,水样数量不应少于两件。采样规格为简分析样 500 ~ 1 000 mL,材料腐蚀分析样 250 ~ 500 mL。

⑨样品的保存和送检应符合《水利水电工程钻探规程》(DL 5013—2005)的有关规定。

⑩当滑带土以黏性土为主时,宜作各种亲水矿物的含量分析。分析方法应采用比表面积测定、X 衍射分析、差热分析或电子显微镜分析等方法,不应采用普通的岩矿鉴定方法。

2. 岩土现场试验

①岩土的现场剪切试验应符合《岩土工程勘察规范》(GB 50021—2017)、《工程岩体试验方法标准》(GB/T 50266—2013)、《土工试验方法标准》(GB/T 50123—2007)的规定。

②大体积试验宜采用容积法,试坑体积应根据土的成分、粒径确定,可通过注水或充填标准砂测量,试坑尺寸不宜小于 500 mm × 500 m × 500 mm。

③对滑体、滑带土、固结泥石流残体的底摩擦带、岩土体结构面和岩体与混凝土交结面应进行大面积现场直剪试验。现场直剪试验可分为抗剪断强度试验和抗剪试验(摩擦试验)。

④一个滑坡(或地质条件相同且相邻的几个滑坡)或固结泥石流大面积直剪试验点宜为 6 个,不应少于 3 个。当难以取得原状土样时,大面积直剪试验不应少于 6 个。每个试验点试件数量对土样宜为 5 件,不应少于 3 件;对岩样宜为 7 件,不应少于 5 件。

⑤大面积直剪试验的试件尺寸,对岩体(含结构面)不应小于 600 mm(长)× 500 mm(宽)× 350 mm(高)。对土体不应小于 500 mm(长)× 500 mm(宽)× 500 mm(高)。试验前,应对试件的饱水状态及物质组成等特征进行描述;试验结束后,应对剪切面特征进行描述,量测其剪切角和实际剪切面积,并修正剪切结果。

3. 岩土室内试验

岩土的室内试验应符合《工程岩体试验方法标准》(GB/T 50266—2013)、《土工试验方法标准》(GB/T 50123—2007)的规定。

①对于不存在滑动面的潜在滑动带的土体宜进行室内三轴压缩试验。三轴压缩试验的试验方法可按下列要求确定:

a. 当不需要提供有效应力强度指标时,对饱和黏性土,若加荷速度较快,宜采用不固结不排水(UU)试验。对饱和软土还应先对试件在有效自重压力下预固结再进行试验。需验算水位迅速下降的土坡稳定性时,可采用固结不排水(CU)试验。

b. 当需要提供有效应力强度指标时,应采用固结不排水测孔隙水压力(CU)试验。

②当不具备试验条件而又需要提供有效应力强度指标时,可采用慢剪试验。

土的直剪试验应包括土的抗剪断强度试验和抗剪试验,宜根据现场含水情况和排水条件选择天然快剪、饱和快剪、天然固结快剪、饱和固结快剪等方法。对不含碎石颗粒而砾石含量较高的土体及结构面,宜进行中型剪切试验,剪切方向应与可能滑动方向相同。

4. 水文地质原位测试

①水文地质参数及测定方法及其适用条件应符合《岩土工程勘察规范》(GB 50021—2017)的规定。

②致灾地质体存在地下水时,应进行抽水试验。当致灾地质体内地下水量较小时,可采用简易抽水试验(提筒抽水);当致灾地质体内地下水量较大时,应进行一次最大降深抽水试验,其稳定时间应为 4~8 h;当致灾地质体底界上下有多个含水层时,应进行分层抽水试验。

③当致灾地质体不能进行抽水试验时,应采用注水试验或压水试验(在滑移型岸坡段不应作压水试验)。当在垂向上岩(土)体透水性差异较大时,应进行分层注水试验。注水试验数量,应视岩(土)体透水性差异而定,不宜少于 6 处,不应少于 3 处。

④滑坡水文地质原位测试应在滑坡范围内进行;泥石流水文地质原位测试应在泥石流形成区、堆积区进行;塌岸的水文地质原位测试应在水位变动带进行。

(三)原位测试

实验室一般使用小尺寸试样,不能完全确切地反映天然状态下的岩土性质,特别是对难于采取原状结构样品的岩土体。因此,有必要在现场进行试验,测定岩土体在原位状态下的力学性质及其他指标,以弥补实验室测试的不足。野外试验也称为现场试验、就地试验、原位测试。许多试验方法是随着对岩土体的深入研究而发展起来的。

1. 土体原位测试

土体原位测试是指在岩土工程勘察现场,在不扰动或基本不扰动土层的情况下对土层进行测试,以获得所测土层的物理力学性质指标及划分土层的一种土工勘测技术。它是一项自成体系的试验学科,在各种工程勘察中占有重要位置。这是因为它与钻探、取样、室内试验的传统方法比较起来,具有下列明显优点:①可在拟建工程场地进行测试,无须取样,避免了因钻探取样所带来的一系列困难和问题,如原状样扰动问题等;②原位测试所涉及的土尺寸较室内试验样品要大得多,更能反映土的宏观结构如裂隙等对土的性质的影响。

2. 土体原位测试的方法

土体原位测试方法可以归纳为下述两类:

①土层剖面测试法。它主要包括静力触探、动力触探、扁铲侧胀仪试验及波速法等。土层剖面测试法具有可连续进行、快速经济的优点。

②专门测试法。它主要包括载荷试验、旁压试验、标准贯入实验、抽水和注水试验、十字板剪切试验等。土的专门测试法可得到土层中关键部位土的各种工程性质指标,精度高,测试成果可直接供设计部门使用,其精度超过室内试验的成果。

3. 在野外试验中,土体、岩体、水文等原位测试的分类

(1)岩土力学性质的野外测定

①土体力学性质试验。载荷试验,旁压试验,静、动触探试验,十字板剪切试验。

②岩体力学性质试验。岩体变形静力法试验、声波测试(动力法)试验、岩体抗剪试验、点荷载强度试验、回弹锤测试、便携式弱面剪试验。

（2）岩体应力测定

测定岩体天然应力状态下及工程开挖过程中应力的变化。

（3）水文地质试验

钻孔压水试验（裂隙岩体）、抽水试验（中、强富水性含水层）、注水试验（干、松散透水层）、岩溶裂隙连通试验等。

（4）改善土、石性能的试验

为地基改良和加固处理提供依据，如灌浆试验、桩基试验等，原位测试方法的使用范围见表3.13。

表 3.13　原位测试方法的使用范围

适用范围 / 测试方法	适用土类							所提供的岩土参数											
	岩石	碎石土	砂土	粉土	黏性土	填土	软土	鉴别土类	剖面分层	物理状态	强度参数	模量	渗透系数	固结特征	孔隙水压力	侧压力系数	超固结比	承载力	液化判别
平板荷载试验（PLT）	A	B	B	B	B	B	B				A	B						A	B
螺旋板载荷实验（SPLT）			B	B	B		A				A	B						A	B
静力触探（CPT）			A	B	B		A	B	A	A	A	B						A	B
孔压静力触探（CPTU）			A	B	B		A	B	B	B	A	B	A	A	A	A	A	A	B
圆锥动力触探（DPT）		B	B	A	A	A	A											A	
标准贯入实验（SPT）			B	A	A			B	A	A	A	A						A	B
十字板剪切实验（VST）					B		B				B								
预钻式旁压实验（PMT）	A	A	A	A	B	A					A							B	
自钻式旁压试验（SBPMT）			A	B	B		B	A	A	A	A	B		B	B	B	A	B	A
现场直剪试验（FDST）	B	B			A						B								
现场三轴试验（ETT）	B	B			A						B								
岩体应力测试（RST）	B																		
波速实验（WVT）	A	A	A	A	A	A	A				B								

注：A—适用；B—很适用。

4. 常用的原位测试方法

（1）载荷试验（Loading Test）

平板静力载荷试验（Plate Load Test,PLT），简称载荷试验，在保持地基土天然状态下，在一定面积的承压板上向地基土逐级施加荷载，并观测每级荷载下地基土的变形特性，是模拟建筑物基础工作条件的一种测试方法。

载荷试验是在天然地基上模拟建筑物的基础荷载条件，通过承压板向地基施加竖向荷载，借以确定在承压板下应力主要影响范围内的承载力和变形特征。载荷试验的主要设备有3个部分：加荷与传压装置、变形观测系统和承压板。试验时，将试坑挖到基础的预计埋置深度，整平坑底,放置承压板,在承压板上施加荷重来进行试验。

载荷试验包括平板载荷试验和螺旋板载荷试验。平板载荷试验又可分为浅层平板载荷试验和深层平板载荷试验。浅层平板载荷试验适用于浅层地基土;深层平板载荷试验适用于埋深等于或大于 3 m 和地下水位以上的地基土;螺旋板载荷试验(图 3.15)适用于深部或地下水位以下的地层。

（a）　　　　　　　　　　　　　　　（b）

图 3.15　单桩竖向抗压静载荷试验和螺旋板载荷试验仪

载荷试验成果的应用:

①确定地基土承载力。

②计算变形模量。

（2）静力触探试验(Cone Penetration Test,CPT)

静力触探是指借助机械把一定规格的圆锥形探头匀速压入土中,通过测定探头的端阻 q_c 和侧壁摩阻力 f_s 来确定土体的物理力学参数,划分土层的一种土体勘测技术。

静力触探首先在荷兰研制成功,因此,静力触探也称为"荷兰锥"试验。按测量机理分为机械式静力触探和电测式静力触探;按探头功能分为单桥静力触探、双桥静力触探和孔压静力触探(图 3.16)。其设备均由触探主机和反力装置、测量与记录显示装置、探头(图 3.17)和探杆组成。其中,触探主机可分为液压式和机械式,反力装置可分为自重式和锚式。

图 3.16　静力触探仪

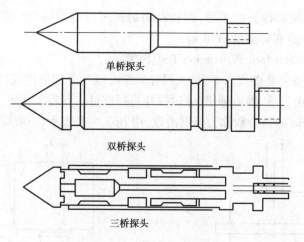

单桥探头

双桥探头

三桥探头

图 3.17　静力触探探头

静力触探具有测试连续、快速、效率高、功能多的特点,兼勘探与测试双重作用。适用于黏性土、粉土、砂土,对碎石类土难以贯入,其成果的应用如下:

①划分土层。

②估算土的物理力学指标。

③确定浅基础的承载力。

④预估单桩承载力。

⑤判定饱和砂土和粉土的液化势。

（3）动力触探试验(Dynamic Sounding)

1）圆锥动力触探试验(Dynamic Penetration Test,DPT)

圆锥动力触探测试是指利用一定的锤击动能,将一定规格的探头打入土中,根据打入土的难易程度(可用贯入度、锤击数或探头单位面积动贯入阻力来表示)判定土层性质的一种原位测试的方法。它的优点有:设备简单,坚固耐用;操作及测试方法容易,一学就会;适用性广;快速,经济,能连续测试土层;有些动力触探,可同时取样,观察描述;经验丰富,使用广泛(图 3.18)。

图 3.18　动力触探试验

根据穿心锤的重量和探头的类型,圆锥动力触探可以分为轻型(穿心锤重 10 kg)、中型(28 kg)、重型(63.5 kg)和超重型(120 kg)。

2)标准贯入试验(Standard Penetration Test,SPT)

标准贯入试验设备主要由贯入器、贯入探杆和穿心锤 3 个部分组成,它是将 63.5 kg 的穿心锤自 76 cm 高处自由下落,撞击锤座,通过探杆将标准贯入器贯入孔底土层中 15 cm,再打入 30 cm 深度,以后 30 cm 的锤击数称为标贯击数,用 N63.5 来表示,一般写作 N(图 3.19)。

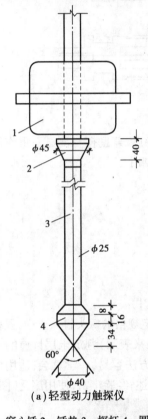
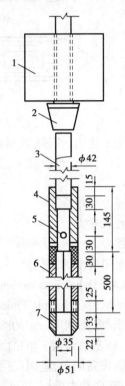

(a)轻型动力触探仪

1—穿心锤;2—锤垫;3—探杆;4—圆锥头

(b)标准贯入试验设备

(尺寸单位:mm)

1—穿心锤;2—锤垫;3—触探杆;4—贯入器头;
5—出水孔;6—贯入器身;7—贯入器靴

图 3.19　轻型动力触探仪与标准贯入试验设备的比较

圆锥动力触探试验成果的应用有:评价碎石土密度、确定地基土承载力、确定变形模量、确定单桩承载力。标准贯入试验成果的应用有:划分土的类别或土层剖面;判断砂土的密实度及地震液化问题;判断黏性土的稠度状态及 C, φ 值;评定土的变形模量 E_0 和压缩模量 E_s;确定地基承载力。

(4)十字板剪切试验(Vane Shear Test,VST)

十字板剪切试验是指用插入软黏土中的十字板头,以一定的速率旋转,测出土的抵抗力矩,再换算成土的抗剪强度的一种测试方法(图 3.20)。VST 主要用于测定饱水软黏土的不排水抗剪强度。它具有以下优点:

①不用取样,特别是对难以取样的灵敏度高的黏性土,可以在现场对基本上处于天然应力状态下的土层进行扭剪。所求软土抗剪强度指标比其他方法都可靠。

②野外测试设备轻便,操作容易。

③测试速度较快,效率高,成果整理简单。

其缺点是仅适用于江、河、湖、海的沿岸地带的软土,适应范围有限,对硬塑黏性土和含有砾石杂物的土不宜采用,否则会损伤十字板头。

十字板剪切试验成果的应用有计算地基承载力、估算单桩极限承载力、分析斜坡稳定性、检验地基加固改良的效果。

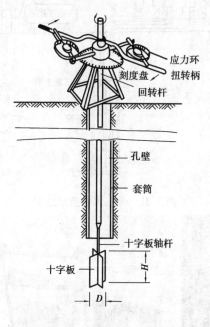

图 3.20　十字板剪切仪

（5）旁压试验(Pressure Meter Test,PMT)

旁压试验是利用钻孔做的原位横向载荷试验,是工程勘察中的一种常用原位测试技术（图 3.21）。它通过旁压器在竖直的孔内加压,使旁压膜膨胀,并由旁压膜（或护套）将压力传给周围土体（或软岩）,使土体产生变形直至破坏。通过量测装置测得施加的压力与岩土体径向变形的关系,从而估算地基土的强度、变形等岩土工程参数。优点:可在不同深度上进行测试,所求基本承载力精度高。缺点:受成孔质量影响大,在软土中测试精度不高。

旁压试验适用于黏性土、粉土、砂土、碎石土、残积土、极软岩和软岩等。旁压试验按将旁压器设置土中的方式可分为预钻式旁压试验、自钻式旁压试验和压入式旁压试验（图 3.22）。

预钻式旁压试验是在土中预先钻一竖向钻孔,再将旁压器下入孔内试验标高处进行旁压试验;自钻式旁压试验是在旁压器下端组装旋转切削钻头和环形刃具,用静压方式将其压入土中,同时,用钻头将进入刃具的土破碎,并用泥浆将碎土冲带到地面,钻到预定试验位置后,由旁压器进行旁压试验。

旁压试验成果的应用:

①划分土类。

②估算土的强度参数。

③估算土的变形参数。

④评定地基土的承载力。

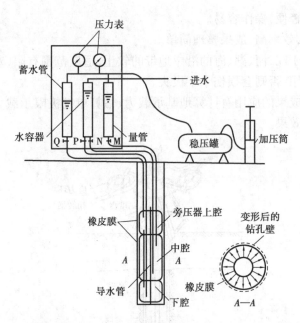

图 3.21　旁压仪构造示意图

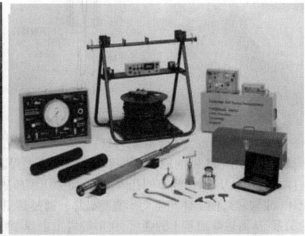

图 3.22　预钻式旁压仪和自钻式旁压试验 EF-5050

⑤估算土的侧向基床反力系数 K_m。

⑥扁铲侧胀试验(The Flate Dilato Meter Test,DMT)

扁铲侧胀试验(简称扁胀试验)是用静力(有时也用锤击动力)把一扁铲形探头贯入土中,达到试验深度后,利用气压使扁铲侧面的圆形钢膜向外扩张进行试验,测量膜片刚好与板面齐平时的压力和移动 1.10 mm 时的压力;然后减小压力,测的膜片刚好恢复到与板面齐平时的压力;这 3 个压力,经过刚度校正和零点校正后,分别以 p_0,p_1,p_2 表示。根据试验成果可获得土体的力学参数,它可以作为一种特殊的旁压试验(图 3.23)。

它的优点在于简单、快速、重复性好和便宜,在国外近年发展很快。

扁铲侧胀试验适于在软弱、松散土中进行,随着土的坚硬程度或密实度的增加,适应性渐差。当使用加强型膜片时,也可应用于密实的砂土。其适用范围是一般黏性土、粉土、中密以下砂土、黄土等,不适用于含碎石的土、风化岩等。

扁铲侧胀试验成果的应用:

①划分土类。

②计算静止侧压力系数。

③确定黏性土的应力历史。

④确定土的变形参数。

(7)波速测试(Wave Velocity Test,WVT)

现场波速测试的基本原理是利用弹性波在介质中的传播速度与介质的动弹模量、动剪切模量、动泊松比及密度等的理论关系,从测定的传播速度入手求取土的动弹性参数。

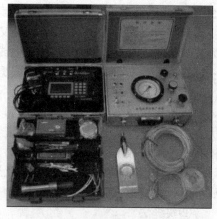

图3.23　扁铲侧胀试验仪

在地基土振动问题中弹性波有体波和面波。体波分纵波(P波)和横波(S波);面波分瑞利波(R波)和勒夫波(Q波)。由于在岩土工程勘察中主要利用的是直达波的横波速度,因此,测定波速前,先要钻探成孔。波速测试适于测定各类岩土体的压缩波、剪切波和瑞利波的波速。

波速测试成果的应用:

①计算确定地基土小应变的动弹性参数剪切模量、弹性模量、泊松比、动刚度。

②判别砂土或粉土地震液化。

(8)岩体原位测试

1)概述

岩体原位测试是指在现场制备试件模拟工程作用对岩体施加外荷载,进而求取岩体力学参数的试验方法。它是地质灾害防治工程勘察的重要手段之一。

岩体原位测试的最大优点是对岩体扰动小,尽可能地保持了岩体的天然结构和环境状态,使测出的岩体力学参数直观、准确。其缺点是试验设备笨重、操作复杂,试验工期长、费用高。另外,原位测试的试件与工程岩体相比,其尺寸小得多,所测参数也只能代表一定范围内的岩体力学性质。因此,要取得整个工程岩体的力学参数,必须有一定数量试件的试验数据用统计方法求得。

岩体原位测试一般应遵循以下程序:

①试验方案制订和试验大纲编写。这是岩体原位试验工作中最重要的一环。其基本原则是尽量使试验条件符合工程岩体的实际情况,应在充分了解岩体工程地质特征及工程设计要求的基础上,根据国家有关规范、规程和标准要求制订试验方案和编写试验大纲。试验大纲应对岩体力学试验项目、组数,试验点布置,试件数量、尺寸、制备要求及试验内容、要求、步骤和资料整理方法作具体规定,以作为整个试验工作中贯彻执行的技术规程。

②试验。包括试验准备,试验及原始资料检查、校核等工作。这是原位岩体力学试验最繁重和重要的工作。整个试验应遵循试验大纲中规定的内容、要求和步骤逐项实施并取得最基本的原始数据和资料。

③试验资料整理与综合分析。试验所取得的各种原始数据,需经数理统计、回归分析等方法进行处理,并且综合各方面数据(如经验数据、室内试验数据、经验估算数据及反算数据等)提出岩体力学计算参数的建议值,提交试验报告。

2)岩体变形试验

岩体变形参数测试方法有静力法和动力法两种。静力法的基本原理是:在选定的岩体表面、槽壁或钻孔壁面上施加一定的荷载,并测定其变形,再绘制出压力-变形曲线,计算岩体的变形参数。根据其方法不同,静力法又可分为承压板法、狭缝法、钻孔变形法及水压法等。动力法的原理是用人工方法对岩体发射或激发弹性波,并测定弹性波在岩体中的传播速度,再通过一定的关系式求岩体的变形参数。根据弹性波的激发方式不同,动力法又分为声波法和地震法。

①承压板法

承压板法又分为刚性承压板法和柔性承压板法,我国多采用刚性承压板法。承压板法的优点是简便、直观,能较好地模拟建筑物基础的受力状态和变形特征。除常规的承压板法外,还有一种承压板下中心孔变形测试的方法,即在承压板下试体中心打一测量孔,采用多点位移计测定岩体不同深度处的变形值。此外,国际岩石力学学会测试委员会还推荐了一种现场孔底承压板法变形试验方法。

②狭缝法

狭缝法又称刻槽法(图3.24),一般在巷道或试验平硐底板或侧壁岩面上进行。狭缝法的优点是设备轻便、安装较简单,对岩体扰动小,能适应各种方向加压,且适合于各类坚硬完整岩体,是目前工程上经常采用的方法之一。它的缺点是假定条件与实际岩体有一定的出入,将导致计算结果误差较大。

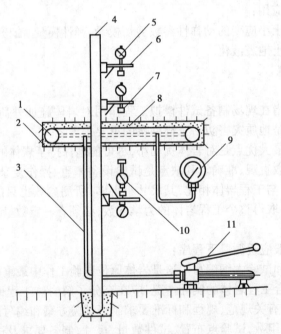

图3.24 狭缝法试验安装示意图

1—液压枕;2—槽壁;3—油管;4—测表支架;5—百分表(绝对测量);6—磁性表架;
7—测量标点;8—砂浆;9—标准压力表;10—百分表(相对测量);11—油泵

③钻孔变形法

钻孔变形法是利用钻孔膨胀计或压力计,对孔壁施加径向水压力,测记各级压力下的钻孔径向变形 U。按弹性力学中厚壁筒理论,钻孔径向变形 U 为:

$$U = \frac{dp(1+\mu)}{E_0} \tag{3.1}$$

式中 d——钻孔直径,cm;

p——压力，MPa；

M——岩体的泊松比；

E_0——岩体的变形模量；

其余符号意义同前。

利用式(3.1)可求得岩体的变形模量。与承压板法相比较，钻孔变形法的优点是：a. 对岩体扰动小；b. 可以在地下水位以下和较深的部位进行；c. 试验方向基本不受限制，且试验压力可以达到很大；d. 在一次试验中可以同时量测几个不同方向的变形，便于研究岩体的各向异性。钻孔变形法的主要缺点是试验涉及的岩体体积较小。该方法较适合于软岩或半坚硬岩体。

3)岩体强度试验

岩体的强度参数是工程岩体破坏机理分析及稳定性计算不可缺少的参数，目前主要依据现场岩体力学试验求得。特别是在一些大型工程的详勘阶段，大型岩体力学试验占有很重要的地位，是主要的勘察手段。

原位岩体强度试验主要有直剪试验、单轴抗压试验和三轴抗压试验等。由于原位岩体试验考虑了岩体结构及其结构面的影响，因此，其试验较室内岩块试验结果更符合实际。

①直剪试验

A. 基本原理与方法

岩体原位直剪试验是岩体力学试验中常用的方法，它又可分为岩体本身、岩体沿结构面及岩体与混凝土接触面剪切 3 种。每种试验又可细分为抗剪断试验、摩擦试验及抗切试验(图3.25)。

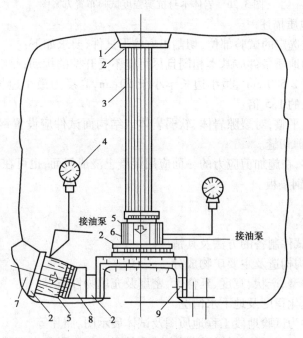

图3.25　岩体本身抗剪强度试验安装示意图

1—砂浆顶板；2—钢板；3—传力柱；4—压力表；5—液压千斤顶；

6—滚轴排；7—混凝土后座；8—斜垫板；9—钢筋混凝土保护罩

抗剪断试验是指试件在一定的法向应力作用下沿某一剪切面剪切破坏的试验,所求得的强度为试体沿该剪切面的抗剪断强度。

摩擦试验是指试件剪断后沿剪切面继续剪切的试验,所求得的强度为试件沿该剪切面的残余剪切强度。

抗切试验是指法向应力为零时试件沿某一剪切面破坏的试验。

直剪试验一般在平硐中进行,如在试坑或大口径钻孔内进行,需设置反力装置,如图3.26所示为常见的直剪试验布置方案,当剪切面水平或近水平时,采用(a)、(b)、(c)、(d)方案,其中(a)、(b)、(c)为平推法,(d)为斜推法。当剪切面为陡倾时采用(e)、(f)方案。

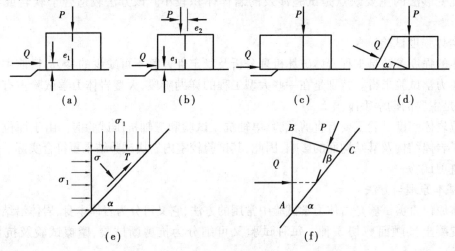

图3.26 岩体本身抗剪强度试验布置方案图

B.试件制备与地质描述

a.试件制备。在选定的试验部位,切割出方柱形试件,要求如下:

• 同一组试件的地质条件应基本相同且尽可能不受开挖的扰动;每组试件宜不少于5块;每块试件面积不小于2 500 cm^2,最小边长不小于50 cm,高度为最小边长的1/2,试件之间的距离应大于最小边长的1.5倍。

• 试件各面需凿平整;对裂隙岩体、软弱岩体或结构面试件应设置钢筋混凝土保护罩,罩底预留0.5~2cm的剪切缝。

• 对斜推法试件,在施加剪应力的一面应用混凝土浇成斜面,也可在试件受剪力面放置一块夹角约15°的楔形钢垫板。

b.地质描述

内容与要求如下:

• 试验及开挖、试件制备的方法及其情况。

• 岩石类型、结构构造及主要矿物成分。

• 岩体结构面类型、产状、宽度、延伸性、密度及充填物性质等。

• 试验段岩体风化程度及地下水情况。

• 应提交的图件为试验地段工程地质图及试体展示图、照片等。

②单轴抗压试验。岩石的单轴抗压强度试验是测定规则形状岩石试件单轴抗压强度的方法,主要用于岩石的强度分级和岩性描述。

A. 基本原理

岩石的单轴抗压强度是指岩石试件在单向受压至破坏时,单位面积上所承受的最大压应力,一般简称抗压强度,其计算公式为

$$\sigma_c = \frac{P}{A} \qquad (3.2)$$

式中　σ_c——岩石的单轴抗压强度,MPa;

P——破坏荷载,N;

A——垂直于加荷方向试件断面面积,mm^2。

B. 试件制备

单轴抗压强度试验适用于能制成规则试件的各类岩石,试件可用岩芯或岩块加工制成。试件一般为直径 5 cm(48～54 mm)、高 10 cm(试件高度与直径之比一般为 2.0～2.5)的圆柱体,同一含水状态下,每组试件制备不少于 3 块。

C. 试验方法

按试件制备中的要求,量测试件断面的边长,求取其断面面积(A)。将试件置于试验机承压板中心(图 3.27),调整球形座,使之均匀受载,然后以 0.5～1.0 MPa/s 的加载速度加荷,直至试件破坏,记下破坏荷载(P)。通过式(3.2)计算出单轴抗压强度,计算值取 3 位有效数字。

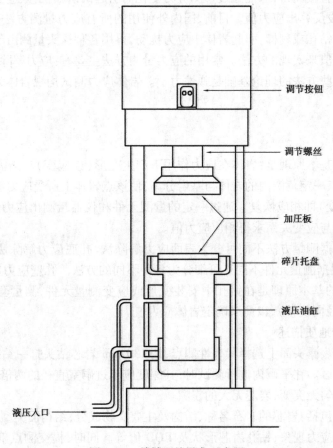

图 3.27　单轴压缩设备示意图

③三轴抗压试验

A. 基本原理

原位岩体三轴试验一般是在平硐中进行的，即在平硐中加工试件，并施加三向压力，再根据莫尔理论求岩体的抗压强度及 E_0, μ 等参数。试验又分为等围压三轴试验（$\sigma_1 > \sigma_2 = \sigma_3$）和真三轴试验（$\sigma_1 > \sigma_2 > \sigma_3$）两种，可根据实际情况选用。为了确定围压、轴向压力的大小和加荷方式，试验前应了解岩体的天然应力状态及工程荷载情况。

B. 试件制备与地质描述

a. 试件制备

在选定的试验部位，切割出立方体或方柱形试件，一面与岩体相连，试件的最小边长应不小于 30 cm，每组 5 块。同一组试件的地质条件应基本相同且尽可能不受开挖扰动。

b. 地质描述

同直剪试验。

4）岩体应力测试

岩体应力是工程岩体稳定性分析及工程设计的重要参数。目前，岩体应力主要靠实测求得，特别是构造活动较强烈及地形起伏复杂的地区，自重应力理论将无力解决岩体应力问题。由于岩体应力不能直接测得，只能通过量测应力变化而引起的诸如位移、应变等物理量的变化值，再基于某种假设反算出应力值。目前，国内外使用的所有应力量测方法，均是在平硐壁面或地表露头面上打钻孔或刻槽，引起岩体中应力扰动，再用各种探头量测由于应力扰动而产生的各种物理量变化值来实现的方法。常用的应力量测方法主要有：应力解除法、应力恢复法和水压致裂法等。这些方法的理论基础是弹性力学。岩体应力测试均视岩体为均质、连续、各向同性的线弹性介质。

①应力解除法

A. 基本原理

应力解除法的基本原理是：岩体在应力作用下产生变形（或应变）。当需测定岩体中某点的应力时，可将该点一定范围内的岩体与基岩分离，使该点岩体上所受应力解除。这时由应力产生的变形（或应变）即相应恢复。通过一定的量测元件和仪器量测出应力解除后的变形值，即可由确定的应力与应变关系求得相应应力值。

应力解除法根据测量方法不同可分为表面应力解除法、孔底应力解除法和孔壁应力解除法 3 种，3 种方法根据测量元件不同又可细分为各种不同的方法。孔壁应力解除法（或称钻孔套心应力解除法）的基本原理是在钻孔中安装变形或应变测量元件，测量套心应力解除前后钻孔半径变化值（径向位移），以此来确定岩体应力值。

B. 试点选择与地质描述

在平硐壁或地表露头面上选择代表性测点，用 130 mm 岩芯钻头打一钻孔至测量点，其深度应超过扰动影响区。在平硐内进行测试时，其深度应超过硐室直径的两倍。同时，使测点在一定范围内岩性均匀无突变，岩芯无大的裂隙。

地质描述内容包括：岩芯的岩石名称、结构及主要矿物成分；结构面类型、产状、宽度、充填物情况及测点的地应力现象；钻孔岩芯形状及 RQD 值等。同时，提交测点剖面图及钻孔柱状图等。

②应力恢复法

A. 基本原理

应力恢复法一般在平硐壁面(也可在地表露头面)上进行。在岩面上切槽,岩体应力被解除,应变也随之恢复;在槽中再埋入液压枕,对岩体施加压力,使岩体的应变恢复至应力解除前的状态。此时,液压枕施加的压力即为应力解除前岩体受到的应力,这一应力值实际上是平硐开挖后壁面处的环向应力。通过量测应力恢复后的应力和应变值,利用弹性力学公式即可求解出测点岩体中的应力状态。

根据所采用应变计的类型不同,应力恢复法可分为钢弦应变计法、电阻片法和光弹应变计法。应力恢复法适用于坚硬、半坚硬完整岩体。

B. 试点制备与地质描述

在平硐壁面上选择岩体完整部位加工制备试点。方法是先在试点大于两倍液压枕边长的范围内进行粗加工,要求岩面起伏差不超过 $\pm 0 \sim 5$ cm,然后在选定粘贴电阻应变花的部位进行细加工,其范围应不小于应变花直径的两倍,用手提式砂轮或磨平钻头磨平整。

试点的地质描述同承压板法。

(四)各类地质灾害防治工程勘察对试验的要求

1. 危岩-崩塌灾害勘察对试验的要求

①试验工作一般应室内、野外相结合。由于现场试验耗资大且受诸多条件限制,不宜多投入。一般在详勘阶段,现场原位抗剪试验宜为 $1 \sim 3$ 组,室内流变试验根据需要可进行 $1 \sim 2$ 组,其他测试可根据需要确定。设计阶段可适当增加试验组。

②试验工作在勘察设计时应全面考虑,使之与勘察工作紧密结合,充分利用勘察手段进行取样和试验。如标贯、旁压试验、深部采样和水文地质试验可充分利用钻探;表层采样和原位试验可充分利用坑探工程。

③岩、土成分鉴定和基本物理性质和水理性质测试,宜以岩性层或工程地质组、段为基本单元,每单元各取样 $3 \sim 5$ 组。取样应首先在勘探剖面上进行,取样组数可根据勘察阶段适当增减,以全面控制为原则。

④崩滑带往往是具有一定厚度的力学强度弱化带,应重点测试崩滑带中主要弱面。以勘探线上为重点,辅以面上的工作,力求对崩滑带进行面上的控制。要求试验有一定数量控制。同一层位同一块段参加统计的力学指标样本数不宜小于 5 个或 6 个。要求试验选点要慎重,要具有同一性和代表性。

⑤对于滑移式崩塌,应对其不同地段滑带的受力情况、滑床特征和赋存条件等进行分区测试,如对主滑段、阻滑段、顺层滑面、切层滑面、地下水地段、剪出口以外的滑坡舌地段及已有堆积体等,应分段各自进行一定数量的测试。

2. 滑坡灾害勘察对试验的要求

(1)取样地点

均质土层(或岩层)内的滑坡,应在滑坡床上、下及滑坡变形带内取样试验;非均质土层(或岩层)内的滑坡,应逐层分别取样试验。

(2)岩样试验

①物理力学性质试验的常规项目有:颗粒密度、岩石密度、含水率(包括饱和吸水率和饱和系数)、干和湿状态下极限抗压强度、软化系数、抗剪强度、变形模量和泊松比等。

②软质岩石应测定化学成分和胀缩性指标,采取的滑动面(带)岩样,按不同含水率测定其凝聚力和内摩擦角。

③本工程有特殊要求的其他试验项目。

(3)土样试验

①物理力学性质试验的常规项目有:粒度成分、土粒密度、天然密度、天然含水率、饱和度、压缩系数、变形模量、抗剪强度和渗透系数等。

②黏性土应增测塑性指标(塑限、液限,计算塑性指数和液性指数)以确定稠度状态,测试无侧限抗压强度和灵敏度。

③砂性土应增测最大密度、最小密度、颗粒不均匀系数、相对密度等,并判别液化的可能性。

④黄土应增测湿陷系数、相对湿陷量和湿陷起始压力等。

⑤胀缩土应增测胀缩性指标及其判别性指标。

⑥冻土应增测起始冻胀含水率、相对含水率、冻胀力、冻结力、冻胀率、冻胀量等。采取的滑动面(带)土样,按不同含水率测定其凝聚力和内摩擦角。

⑦有特殊要求测试的其他项目。

(4)水文地质试验与水质分析

1)抽水或提水试验

测定滑坡体内含水层的涌水量和渗透系数(K)值。

2)分层止水试验

滑坡体内有多层地下水时,应进行分层止水试验、观测水位动态,以研究其相互关系。

3)地下水流向、流速测定及连通试验

测定滑坡勘察区含水层中地下水流向、流速等,了解各含水层间及地下水与地表水之间的水力联系。

4)水质分析

评价水的侵蚀性,并利用滑坡体内、外本质对比和体内水质分层对比,判断水的补给来源和含水层数。

3. 泥石流灾害勘察对试验的要求

在泥石流灾害勘察过程中,应系统地采取岩石、土体、地下水等样品进行分析鉴定,以获得必要的参数。

(1)岩样试验

岩样试验测量比重、密度、吸水率、容重、抗压、抗剪、抗拉、弹性模量等参数。柱状样品底面直径、高均为 50 mm,立方样品边长为 50 mm × 50 mm × 50 mm;同一岩样在一种状态下一般应有 3 组以上样品,一组试样必须能制作标准件 12 个以上。

(2)土样试验

①泥石流堆积物的颗粒分级及容重是重要参数。根据泥石流堆积物常含有大颗粒的特点,其现场测试采样一般要求 500 kg 左右。

②在坝址土体中,每层稳定土层中试样个数一般不少于 6 个,扰动土样的数量可适当减少。

③原状土样的大小:钻孔取样尺寸为直径 10 cm,高 20 cm;在坑槽中采样,每个样品尺寸

为 15 mm × 15 mm × 15 cm。

④泥石流堆积物的颗粒分析。应将大于等于 2 cm 的颗粒在野外筛分,小于 2 cm 的颗粒送实验室进行颗粒分析。

（3）水试样的室内要求

泥石流灾害勘察中,对水样一般只要求作常规项目的分析。

一般简分析样品数量为 500 ~ 1 000 mL;全分析样品数量为 200 ~ 300 mL。

4.岩溶塌陷灾害勘察对试验的要求

（1）土体试验

野外测试技术常用的有原位测试,示踪试验,抽水、压（注）水及渗水试验等。对一般土体,常用的测试方法为静力触探、圆锥动力触探和标准贯入试验;对饱和软土可采用十字板剪切试验;对碎石土、软质或风化岩石可采用旁压试验或现场直剪试验。在塌陷地区,触探还可用于土硐的探查。

（2）岩石试验

测定岩石的物理、化学与力学性质指标,确定岩体的工程地质类型,评价岩体的工程地质性质,了解可溶岩的可溶性及其与岩溶发育的关系,并为防治工程方案设计提供所需的定量参数。

对于碳酸盐岩,应按不同的层位、岩性和结构特征分别采样,同时,进行矿物成分和结构的显微镜鉴定、化学成分分析和溶蚀试验,以便对比分析其与岩溶发育的关系。

（3）土工试验

测定土的物理、力学性质指标,并根据测试指标进行土的分类,结合原位测试成果,评价土的工程地质性质。

（4）水化学分析

测定环境水主要是岩溶地下水的水化学性质,以了解其水化学类型、矿化度及其时空动态特征,从而结合水动力场、水温场,研究各类水的形成条件及其相互关系,并评价水的溶蚀能力。

1）取样数量

一般常规分析:500 mL。

侵蚀性 CO_2 试样 250 ~ 300 mL,加 2 ~ 3 g 大理石粉。

2）分析项目

pH 值,Cl^-、SO_4^{2-}、HCO_3^-、Na^+、K^+、Ca^{2+}、Mg^{2+} 离子浓度,游离 CO_2、侵蚀性 CO_2 含量,硬度,矿化度。

七、监测、预警

（一）监测的一般规定

地质灾害防治工程勘察期间对有变形迹象的致灾地质体均应进行监测。勘察期间的监测应针对致灾地质体的变形情况制订监测方案,其监测网点应尽可能为后期监测工作所利用。

（二）监测网点布设

基准点应设置在远离致灾地质体的稳定地区,并构成基准网。监测网型应根据致灾地质体的范围、规模、地形地貌、地质因素、通视条件及施测要求选择,可布设为十字形、方格形、放射形。致灾地质体的监测网可分为高程网和平面网或三维立体监测网,应满足变形方位、变形量、变形速度、时空动态及发展趋势的监测要求。监测剖面应以绝对位移监测为主,应能控制滑坡、危岩主要变形方向,并与勘探剖面重合或平行,宜利用勘探工程的钻孔、平硐、探井布设。当变形具有多个方向时,每一个方向均应有监测剖面控制。对地表变形地段应布设监测点。对变形强烈地段和当变形加剧时应调整和增设监测点。在泥石流区若有滑坡、危岩崩塌,应按滑坡和危岩崩塌区的监测要求布置监测工作。泥石流区的监测剖面应与泥石流区主勘探线重合。塌岸监测剖面的布置应垂直于岸坡走向布置。每条监测剖面的监测点不应少于3个。监测点的布置应充分利用已有的钻孔、探井或探硐进行。

(三)监测内容和方法

致灾地质体的监测内容应根据不同的变形破坏方式及成灾相关因素,突出监测重点,针对其主要变形破坏特征确定;监测方法应根据致灾地质体所处的通视条件、气候条件、地形条件等,因地制宜地进行选择。

1.致灾地质体监测内容

① 滑坡监测主要内容为地表变形监测、裂隙监测、地面倾斜监测、建筑物变形监测、滑动面位移监测、地下水位、水量、水质监测,必要时可进行水文、雨量监测。

②危岩监测主要内容为裂隙的水平位移、垂直位移、变形方向、变形量以及裂隙中水的动态变化。

③泥石流监测主要内容为泥石流流动过程中的流速、流量、顶面高程、泥位,对黏性泥石流监测还应有泥面裂隙监测,必要时可进行水文、雨量监测。

④塌岸监测主要内容为塌岸高度、宽度及长度,岩土体位移变化,地表水及地下水水量、流速、水位、水质变化。

2.致灾地质体监测方法

致灾地质体监测方法可根据需要参照表3.14进行选择。

表3.14　致灾地质体的监测方法及适用条件

监测方法	适用条件
宏观地质观测法	适用于各种致灾地质体不同变形发展阶段的宏观变形迹象和与其有关的各种异常现象的监测
大地量测法	适用于不同类型的致灾地质体监测。沉降观测采用几何水准测量法、液体静力水准测量法,困难地方可采用三角高程测量法
测缝法	适用于各类致灾地质体上的裂隙两侧岩土体张开、闭合、位错、升降变化等的监测
测斜法	适用于钻孔、竖井内测定致灾地质体不同深度的变形特征监测
沉降法	适用于平硐内上部危岩相对下部稳定岩体的下沉变化及软层或裂隙垂向变化的监测

滑坡监测常规方法包括简易排桩法观测、简易地表裂隙变形观测、建筑物倾斜观测、三角交汇法观测和横向视准线法等(图3.28);对危害大、变形明显且有一定规模的滑坡采用先进的滑坡位移监测报警仪和GPS滑坡位移监测技术等进行定期观测,可提高监测精度,达毫米级(表3.15)。

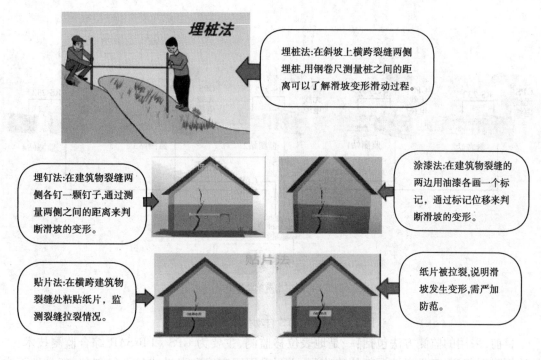

图 3.28 滑坡中常用的监测方法

表 3.15 滑坡监测项目和方法表

监测项目	监测内容	监测方法
裂隙	地表裂隙、建筑物裂隙	固定桩、砂浆片、传感器
位移	地表位移、地下位移	排桩法、三角交汇法、横向视准线法、传感器
主滑带(面)	主滑带(面)位置、位移速度	传感器、位移计、倾测仪
地表水	自然沟水、江河湖库水位	水位、水量等
地下水	钻孔、井水、泉水、孔隙水压力	
降水量	降雨量	通常指常规降雨观测
宏观变形迹象	地表巡视	异常的种类、位置、范围、特征

3. 滑坡、泥石流、岩溶中常用的监测方法

(1) 滑坡变形监测系统

滑坡裂隙变形自动化监测系统采用有线和无线相结合,以现场总线结构方式组建地质灾害监测网,系统主要由计算机、裂隙位移计以及供电、采集、传输等组件构成。

(2) 滑坡 GPS 自动化监测预警系统

GPS 监测系统由监测单元,数据传输和控制单元,数据处理分析及管理单元 3 部分组成。这 3 部分形成一个有机的整体,监测单元跟踪 GPS 卫星并实时采集数据,数据通过通信网络传输至控制中心,控制中心的 GPS 软件对数据处理并分析,实时形变监测(图 3.29)。

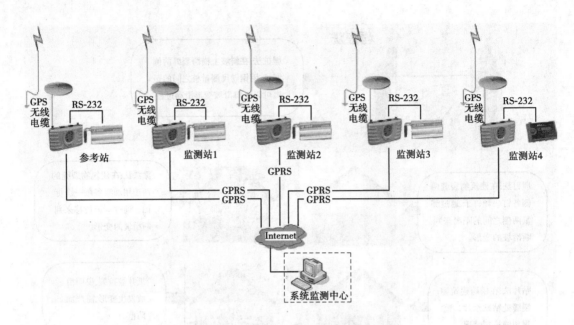

图3.29　滑坡 GPS 自动化监测预警系统

目前,采用的监测方法包括:一是地表位移监测,主要为 GPS 和 INSAR 综合监测技术;二是地面降雨监测;三是滑坡深部位移监测,主要采用固定式和滑动式钻孔倾斜仪;四是地下水监测;五是宏观地质调查。监测站监测数据已基本实现了监测过程的全程控制,监测数据的实时自动采集、传输和处理。

(3)泥石流监测

泥石流监测方法主要有泥石流常规方法和先进的泥石流自动监测预警系统监测。对泥石流的常规监测内容主要是泥石流运动要素观测、流域内的气候和雨量观测、泥石流的形成过程观测、沟道冲淤变化观测等。监测项目主要有水源观测、土源观测、泥石流体观测(表3.16、图3.30)。

(a)裂隙观测法　　　　　　　　(b)泥石流的断面观测法

(c)雨量观测　　　　　　　　　(d)监测的位移排桩法

图3.30　泥石流常规观测

表 3.16　泥石流监测项目和内容

监测项目	监测内容	监测仪器
水源观测	雨量、土壤水、径流量	自记雨量计、自记土壤仪、三角堰
土源观测	崩塌、滑坡的长宽、厚度和体积,变形情况	常规地形测量仪器
泥石流体观测	容重、泥位、地声、断面、流速、流量、总淤积量、黏度、粒度	容重仪、超声波泥位计、遥测地声仪、水准仪、遥测流速仪、烘箱、黏度仪、黏度筛、黏度分析仪

(4)岩溶塌陷的监测预报

岩溶塌陷的产生在时间上具有突发性,在空间上具有隐蔽性,因此,对岩溶发育地区难以采取地面监测手段进行塌陷监测和时空预报。近年来,地理信息系统(GIS)技术的应用,使得岩溶塌陷危险性预测评价上升到一个新的水平。利用 GIS 的空间数据管理、分析处理和建模技术,对潜在的塌陷危险性进行预测评价,已取得良好效果。但这些预测方法多局限于对研究区潜在塌陷的危险性分区,并没有解决塌陷的发生时间和空间位置的预测预报问题。某些可引起岩溶水压力发生突变的因素,如振动、气体效应等,有时也可成为直接致塌因素,甚至在通常情况下不会发生塌陷的地区出现岩溶地面塌陷。因此,如何进行岩溶地面塌陷的时空预测预报已成为岩溶地面塌陷灾害防治研究中的前沿课题。

(四)监测周期和精度

①对致灾地质体变形监测及地下水动态监测的常规监测周期宜为 5 ~ 15 d,雨季或变形速率加大或出现异常变化时,应缩短观测周期。

②监测网数据观测、预处理、平差计算应符合国家标准《工程测量规范》(GB 50026—2016)的有关规定。

③观测精度应满足以下要求:

a. 变形观测误差应小于实际变形值的 1/10,且不应大于 2 mm。

b. 裂隙宽度观测误差不应大于 0.5 mm。

c. 泥石流的泥位监测误差不应大于 0.2 m。

(五)监测资料整理分析

每次监测均应有原始记录,并及时进行监测数据整理,每次监测后应对监测数据进行分析,绘制时程曲线,情况紧急时应作临灾预报。勘察工作结束前,应提交监测报告。监测报告应有地质灾害监测系统点位布置图、观测成果表、观测点平面位移与沉降关系曲线图及其他附图附件,勘察前及勘察期间的监测应及时提供位移矢量图。

八、地质灾害防治工程勘察技术手段的选择

(一)影响勘察技术手段选择的因素

1. 浮土的掩盖程度

浮土的掩盖程度影响着勘察技术手段的选择。根据浮土的厚度,划分出了暴露区、半暴露区、半掩盖区和掩盖区,见表 3.17。

表 3.17　浮土的掩盖程度划分

掩盖程度 ＼ 因素	浮土厚度/m	基岩出露情况	人工露头点的比例/%
暴露区	<1.0	广泛出露	<20.0
半暴露区	1.0～3.0	出露较好	20.0～50.0
半掩盖区	3.0～30.0	出露不好	50.0～80.0
掩盖区	>30.0	无出露	>80.0

2.地质条件的复杂及变化程度

地质条件的复杂及变化程度决定勘察技术手段的种类和具体工程点的密度、间距。

3.施工条件

施工条件包括地形条件、交通条件等。如高山区不宜用钻探、地表多水不宜用坑探等。

(二)不同掩盖程度下勘察技术手段的选择

因浮土的掩盖程度不同,勘察技术手段的选择、顺序及工作量均有所不同,见表 3.18。

表 3.18　不同掩盖程度下勘察技术手段的选择

掩盖程度	勘察技术手段的选择
暴露区	地质测绘(为主)＋坑探工程(少量)＋钻探工程(少量)
半暴露区	地质测绘＋坑探工程(较多)＋钻探工程(少量)
半掩盖区	重型坑探工程＋地质测绘(少量)＋物探＋钻探工程
掩盖区	物探＋钻探工程

注:(1)凡暴露和半暴露地区,均应在探槽、探井及必要的地面物探配合下进行地质测绘。

　　(2)凡地形、地质和物性条件适宜的地区,应以地面物探结合钻探为主要手段,配合地质测绘、测井、采样等,进行各阶段的地质工作。

　　(3)凡不适于使用地震勘察的地区及暴露和半暴露地区,应在探槽、探井、浅钻和地质测绘的基础上进行钻探。

　　(4)所有钻孔都必须进行测井工作。

地质灾害防治工程勘察工作必须根据地形、地质和物性条件,合理选择和使用地质测绘、物探、钻探等勘察技术手段。

(三)勘察技术手段配置的基本原则

①根据勘察工作的阶段性,各勘察手段的实用性和在本区条件下的适宜性及方法之间的互补性、互验性,勘察技术和经费的可行性等进行选择配置。

②优先选用基本的、主要的、简便易行的、覆盖面大的和经济上节省的勘察手段,如遥感解译、地面测绘和物探。由点到线到面地开展工作,以求得对勘察对象逐步深入的认识,并据此推测地下和山体内部的情况,用以指导钻探和坑探工程。

③应用于地质灾害勘察的物探方法有多种,某一地质问题可以使用若干不同的物探方法来探测,不同的方法又具有不同的精度和效果,应根据具体问题、具体条件选择适宜的物探方法。

④钻探和坑探工程对物探有很强的互补性和互验性。首先用钻探对地面物探结果进行验证,提高其结果的准确性和应用推广价值;然后进行测井和跨孔探测,拓宽物探的勘测范围,以取得更好的成效。

⑤钻探应尽量投入到关键部位。每个孔都应综合测井,力求每个孔都具备较多的使用功能,包括利用钻孔进行变形监测等,对于由主裂隙或隐伏裂隙构成的危岩体边界,应进行钻探勘察并进行跨孔探测,以准确确定边界条件、裂隙的发育深度等。

⑥不同的勘察阶段决定了不同的勘察任务和选择不同的勘察手段。初勘应以航片解译、地面测绘、物探等轻型勘察手段为主,配置少量剥土、探槽及钻探;详勘应加大钻探工作量,以取得详细的地质资料;可行性研究及设计阶段勘察需要更详细的、定量的资料,必须准确地查明解决有关的工程地质问题,应重点考虑重型坑探工程,物探则退居辅助地位。

⑦根据测区的气候条件及工期的具体时段,合理安排勘察方法的实施程序。如冰雪对作业的影响,狂风对钻探的影响,暴雨对坑探槽及浅井的影响等,均应具体考虑。

⑧应根据地质条件选择适宜的勘察手段。地形平坦及缓坡处宜用钻探、坑探、探槽;陡坡宜用平硐;坚硬岩层宜用钻探而不宜用坑探;松散松软地层,不宜用平硐;陡倾岩层,宜用平硐;缓倾岩层,宜用钻探和竖井;地下水丰富且埋藏较浅,不宜用坑探工程。

⑨应充分考虑勘察的供应条件及经济因素,选择适当的勘察手段。交通运输条件影响机械的搬运、材料的供应及成本的提高;供水条件影响钻探;支护木料影响探硐和竖井的成本等。

⑩应考虑致灾地质体的稳定性,选择扰动较小的勘察手段,尽量减少爆破施工。

⑪在勘察中应充分重视试验工作,应结合勘察工作统一部署。试验用于查明崩塌体的地质材料特性和赋存环境,提供岩土体物理、力学参数和水文地质参数。

⑫监测用以取得致灾地质体的变形方式、方位、速率等数据和资料,为勘察研究提供重要数据,同时,也为勘察期致灾地质体的稳定性研究和勘察施工安全提供监测保证。应在地质测绘展开后立即选点布线建立地表监测,并随着勘察的进行逐步增加和完善。

(四)各类地质灾害防治工程勘察技术手段的选择

①危岩-崩塌勘察应以地质测绘与调查为主,以探槽、钻探和探井为辅,必要时可采用陆地摄影测量、透视雷达和弹性波检测等方法。

②滑坡勘察应以地质测绘与调查、探槽、探井、钻探为主,必要时应采用探硐和物探。

③泥石流勘察应以地质测绘与调查、钻探、探槽、探井为主,必要时应采用物探和探硐,有条件时应进行遥感资料解译。

④岩溶塌陷多具突发性和隐蔽性,其勘察难度远大于滑坡等地质灾害,应综合采用地质测绘、物探、钻探、测试、模拟试验及长期监测等多种手段和方法。

⑤塌岸勘察应以地质测绘与调查、物探、钻探、探井和探槽为主,必要时采用动力触探和探硐。

第四节　地质灾害防治工程勘察勘探线(点)的布设

勘探线是指平面地质图上纵贯致灾地质体并与其变形破坏方向或中轴线平行、重合或垂直、斜交,且具有明显方向性的直线段。勘探线分为3类,具体见表3.19。

表3.19　勘探线的种类

种　类	施工目的	布　置	数量
主勘探线（纵勘探线）	为控制全区致灾地质体,以指导整个勘察区施工而布置的勘察线	与致灾地质体变形破坏方向或中轴线平行、重合,在勘察初期专门布置	至少1~3条
副勘探线（纵勘探线）	为控制致灾地质体的基本地质情况按线距布置的勘察线	平行于主勘探线布置	数量最多
辅助勘探线（横勘探线或斜勘探线）	为查清致灾地质体局部异常或小型致灾体,提高地质灾害勘察控制程度而布置的勘察线	与主勘探线垂直或斜交,依据需要布置	不定

　　勘探点是指根据勘察工作阶段的需要,沿勘探线或离勘探线布置的钻孔或探井、平硐、斜井等坑探工程(图3.31)。地质灾害防治工程勘察中勘探线、勘探点(钻孔)应把握全局进行布设,使勘探点总体构成能控制重点和全局的勘探线(网),形成一个有机联系的整体,使各勘探点、线所提供的勘察资料能够独立地、关联地、补充地、对比地、互验地、综合地使用和分析,以便能有效地完成勘察所承担的任务,阐明需查明的条件和问题,绘制各种平面图、剖面图、立体图和其他所需的图件。

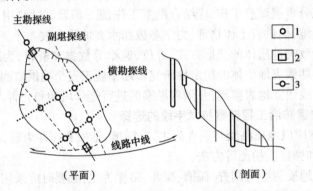

图3.31　勘探点、线布置示意图
1—钻孔;2—探井;3—物探点

　　仅就勘探线而言,其在平面地质图上的排列形式有平行式、放射状等。
　　勘探网是平面地质图上同时布设有纵、横或斜勘探线时即构成勘探网。勘探网在平面上有正方形网、矩形网、菱形网等形式(图3.32)。

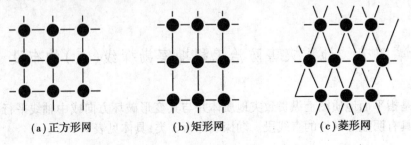

(a)正方形网　　　　(b)矩形网　　　　(c)菱形网

图3.32　勘探网示意图

一、危岩-崩塌灾害勘察勘探线（点）的布设

（一）主勘探线（剖面）的布设

①主勘探线（剖面）是整个勘察工作的重点，应在遥感解译和现场踏勘以后，在地面测绘和物探工作的基础上进行布设。

②主勘探线应布设在主要变形或潜在崩塌的块体上，纵贯整个崩塌体，与初步认定的中轴线重合或平行，并与变形破坏方向平行，其起点、终点均要进入稳定岩（土）体范围内 10 ~ 20 m。当崩塌方向与块体中线方向有一定交角时，应在其主要变形部位沿其主要变形破坏方向另外布设一条主勘探线，与第一条主勘探线相交。

③主勘探线上所投入的工程量及点位布设，应尽量满足本剖面勘察和试验的需要，应达到能进行稳定性评价的要求。用于稳定性计算的主剖面，应投入物探、探槽、钻探。必要时，宜投入平硐、竖井并进行现场试验。

④主勘探剖面上投入的工程量和点位布设，应尽量兼顾长期监测的需要，以便充分利用勘探工程立即进行变形监测，或在平斜硐内进行危岩体底部变形监测等。如可能，平斜硐的布设应与防治工程的布置及施工结合起来。

⑤若危岩-崩塌体在两个以上，主勘探线最好布置两条以上。

⑥主勘探线上不宜少于 4 个钻孔。其中，作稳定性分析的块体内至少有 3 个钻孔，危岩-崩塌体后缘边界以外稳定岩（土）体上至少有 1 个钻孔。

⑦对于滑移型崩塌，纵勘探剖面上应尽可能反映每一个滑坡地貌要素，诸如后缘陷落带、横向滑坡梁、纵向滑坡梁、滑坡平台、滑坡隆起带、次一级滑坡等。勘察重点为中部及前缘，根据情况布置平斜硐、钻探、物探和地下水观测等，滑坡横向勘探钻孔布设力求控制滑面横断面形态（圆弧形、平斜面、阶梯状、波状、楔形滑面等），从滑坡中轴线向两侧依据地貌和物探资料进行布设。

（二）副勘探线（剖面）的布设

①副勘探线一般平行于主勘探线，分布在主勘探线两侧，一般按小于 50 m 的间距布设。在主勘探线以外还有较小崩塌危岩体时，副勘探线应沿其中心布设，在需要或条件允许的情况下，应尽量达到稳定性计算剖面和监测剖面的勘察要求。

②副勘探线上的勘探点一般应与主勘探线上的勘探点位置相对应，构成垂直于主勘探线的数条横贯危岩-崩塌体的横勘探剖面，以探查崩滑体的横向变化特征，并形成控制整个危岩-崩塌体的勘探网。

③副勘探线上投入的工作量，一般比主勘探线减少 1/3 ~ 1/2。

④若应用跨孔（硐）探测手段，主、副勘探线间距应小于物探测线跨度。

（三）勘探点的布设

①勘探点应布设在勘察对象的关键部位，除反映地质情况外，尽可能兼顾采样、现场试验、监测和防治工程施工。

②勘探点的布设应服从勘探线，尽量布设在勘探线上。若由于地质或其他重要原因必须偏离勘探线时，应尽可能控制在 10 m 范围之内。对于必须查明的重大地质问题，可以单独投入勘探点而不受勘探线的限制。

③主剖面上危岩-崩塌体后缘外稳定岩（土）体上的钻孔深度应穿过对应的崩滑面以下

5 m。钻孔位置应在不穿过危岩体后缘边界的情况下尽量靠近后缘,该孔应能查明稳定岩土体的地层层序、地层岩性、岩土体结构、断层、裂隙、岩溶及地下水等情况。同时,应与崩塌体后缘钻孔组成一对跨孔探测孔,用于查明后缘边界的发育深度、充填及充水情况、连通情况等。孔口建标,可作为监测剖面不动端点,有条件时可进行倾斜位移监测。若不作跨孔用,孔位可离开后缘稍远,减少卸荷变形的影响。

④危岩-崩塌体后缘和周界为岩土体内的分割界面(裂隙、断层,节理密集带、层面等),应先投入物探以求定位;在地表覆盖不太深的情况下,可投入坑探、探槽、浅井揭露;当地表覆盖较厚或裂隙本身发育没达到岩体顶部而成为隐伏裂隙时,需采用跨孔探测,以准确定位,确定发育深度及连通、充填情况。后缘孔应靠近不动体钻孔,布孔时应考虑裂隙的倾角和物探跨孔探测的能力。若裂隙倾角较缓,应考虑用底部平、斜探硐测或三孔连测。

⑤在一般情况下,危岩-崩塌体常被多条裂隙切割构成次一级危岩体的边界。对于重大、重要块段的边界裂隙应投入跨孔探测予以查明。尤其在硐掘型山体开裂和岩溶区山体开裂条件下,后部楔形断块向底部空区(空硐)陷落可挤出前部岩体,应予以重视。

⑥对于非滑移型危岩-崩塌体,在地表地形和变形不大的情况下,可等距布孔或按微地貌布孔。对于被切割成多块型的危岩体,应布孔控制其大型块体。

⑦平行并靠近临空面的第一条深大裂隙必须予以查明。若距临空面太近时,可采用单孔探测或其他手段探测,或在崖脚处布斜孔进行勘察。

⑧危岩-崩塌体前缘基座为勘探重点,要求查明软基(软层、断层、破碎带、溃屈带等)、变形、破碎、地下水、岩溶、采空区、地压现象或变形特征等。

⑨在危岩体前缘坡脚处应投入平斜硐和竖井等重型坑探工程及原位试验与深部监测等手段,平斜硐最好纵贯整个危岩体并进入其后缘稳定岩土体,不仅查明危岩-崩塌体前缘基础变形、滑带、弯曲带情况,同时,探查裂隙发育深度及连通情况。

⑩对于滑移型崩塌(脱离母体前为滑坡,滑出后即面临陡峭地形而成为崩塌),其勘察可参照滑坡部分。

二、滑坡灾害勘察勘探线(点)的布设

①勘探线的布置视勘察阶段和滑体规模大小而定。沿滑动方向布置一定数量的纵向勘探线,其中,主轴线方向为控制性纵勘探线,在主轴线两侧至少各布置 1 条副勘探线,其线间距不宜大于 200 m,一般为 50~100 m;垂直滑动方向,以纵勘探线上的勘探孔(竖井)为基础,根据实际情况布置适量的横勘探线,在滑坡体转折处和可能采取防治措施的地段也应布置横勘探线。

②控制性纵勘探线上的勘探点不得少于 3 个,点间距一般不超过 40 m。其余勘探线上勘探点的数量、点间距应根据勘察阶段及实际情况而定,但点间距不应超过80 m。纵横勘探线端点均应超过滑坡周界 30~50 m。

③勘探孔的深度应穿过最下一层滑动面(带),进入稳定岩土层,控制性勘探孔必须深入滑动面(带)以下 5~10 m,其他一般性勘探孔应达到滑动面(带)以下 5 m。勘探孔穿过滑动面(带)的深度,若遇重大地质缺陷,应适当加深勘探孔的深度。在布置滑坡勘探线(网)时,还要考虑滑坡体的平面形状特征(如纵长形、横宽形、三角形、梯形、正方形、尖角形等)、外部因素对滑坡的影响、滑体各部位的变形特征、滑床形态特征及地下水的分布、出露等因素。

a. 对于小型、成灾地质条件简单、危害程度(或接受灾对象等级)较轻的滑坡,勘探线可按"│"型(即沿主滑方向布置一条纵剖面)或"┼"型(即纵、横剖面相互垂直)布置。

b. 对于中等规模、成灾地质条件较为复杂、危害程度(或按受灾对象等级)较严重的滑坡,勘探线可按"┼""╪"或"╫"型布置。

c. 对于大型、成灾地质条件复杂、危害程度严重(或按受灾对象等级)的滑坡,勘探线可按"╪""╪""╫"型布置。一般每条勘探线上需有 3 个钻孔(井)控制。特殊情况下可以增补或减少。在滑坡规模、复杂程度和受灾对象等级三项标准中,凡符合其中两项时,即按本类考虑钻探工作量。具体见表 3.20。

表 3.20　滑坡勘探方法适用条件及勘探点布设位置

勘探方法		适用条件及勘探点布设位置
钻探		用于了解滑体结构,滑面(带)的深度、个数、地下水位及水量,观测深部位移,采集滑体、滑带及滑床岩、土、水样
探槽		用于确定滑坡周界、后缘滑壁和前缘剪出口附近滑面的产状及裂隙延伸情况,有时也可用作现场大剪及大重度试验
探井		用于观察滑体结构和滑面(带)特征,采集原状土样和进行原位大剪、大重度试验,主要应布在滑坡的中前部主轴附近
探硐 (平硐或斜硐)		用于了解滑坡内部特征,采集原状土样和进行原位大剪、大重度试验。适用于地质环境复杂、深层、超深层滑坡。硐口宜选在滑坡两侧沟壁或滑坡前缘。平硐可兼作观测硐,也可用于汇排地下水,常结合滑坡排水整治施工布置
物探	电法勘探	常用高密度电法。用于了解滑体厚度、岩性变化,了解下伏基岩起伏和断裂破碎带的分布,了解滑坡区含水层、富水带的分布和埋深。在滑坡规模较大、物性差异较大、地形地物变化较小时采用。勘探线宜布置在拟设主剖面线上、剖面线间及支挡线附近
	地震勘探	常用浅震反射波法。用于探测滑坡区基岩埋深,滑面位置、形状。在非人口密集区滑坡规模较大时采用。勘探线宜布置在拟定主剖面线上、剖面线间及支挡线附近

三、泥石流灾害勘察勘探线(点)的布设

①勘探线应采用纵向主勘探线和副勘探线相结合的方法,不应采用方格网式布置。

②控制性勘察阶段应沿泥石流主流线布置 1 条贯穿形成区、流通区和堆积区的主勘探线;在形成区和堆积区各布置 1 条横向勘探线;在流通区,小型泥石流布置 1 条横向勘探线、中型及大型泥石流布置 2~3 条横向勘探线;横向勘探线位置宜选择在泥石流体较厚的地带。

③泥石流详细勘察阶段,形成区和堆积区应在主勘探线两侧增布副勘探线,勘探线间距宜为 60~120 m,应视泥石流平面宽度、防治工程等级和地质环境复杂程度而定。当泥石流需要治理时,详细勘察阶段勘探线应沿拟设治理工程支挡线布置,对于拟设的排水构筑物位置,应增布勘探线。

④每条勘探线上的勘探点不应少于 3 个,泥石流纵勘探线勘探点点距宜为 50~100 m,在

流通区可取大值、形成区和堆积区宜取小值;横向勘探线勘探点点距宜为 40~60 m,可能的治理工程支挡线处宜适当加密。

⑤对涉及河流或水库的泥石流,最低勘探点应能控制河流枯水位或水库死水位。具体见表 3.21。

表 3.21　泥石流勘探方法适用条件及勘探点布设位置

勘探方法		适用条件及勘探点布设位置
钻探		用于了解泥石流体结构,沟床面深度,沟床的岩、土性状,地下水位及水量,观测泥石流体的蠕动位移,采集泥石流体、沟床面或形成区的滑坡滑动带岩土试样、水样
槽探		用于确定泥石流或形成区滑坡边界,斜坡岩、土分界线,了解岩、土特征及岩石风化带特征。必要时可作现场大剪的试坑
井探		用于观测泥石流体和沟床面特征、形成区滑坡的滑体结构和滑动带特征,采集原状土样,进行原位大剪试验,采集大容重样也可作为注水、抽水试验的试坑,主要布置在泥石流主流线上及形成区滑坡主滑线上
硐探		用于了解暂时停息的泥石流沟床面及其以下的岩层特征,硐口应主要选择在泥石流堆积区,平硐可兼作地下水排水硐
物探	高密度电法	用于了解滑体或泥石流体厚度、岩性变化,基岩起伏,破碎带,土层中地下水突水带的分布和埋深
	浅层地震法	用于了解泥石流区基岩埋深、断层破碎带

四、岩溶塌陷灾害勘察勘探线(点)的布设

①勘探线应垂直于地形地貌和构造线的方向,并控制不同的地貌单元和岩、土体类型及岩溶发育区(段)。勘探线的间距考虑勘察的实际需要和地区的复杂程度,对重点地段一般为 50~200 m,一般地段为 100~1 000 m。钻孔间距一般为 50~200 m,并根据具体情况适当加密或减稀。

②对主要塌陷点或密集塌陷地段,应布置钻孔或勘探剖面进行控制,以了解其形成条件,勘探剖面应沿着塌陷的扩展方向布置,如抽、排水降落漏斗的延伸方向、河湖近岸地带垂直岸线的方向等。必要时可增加若干横向短剖面,以提高控制程度。

五、塌岸灾害勘察勘探线(点)的布设

①控制性勘察阶段的主勘探线应垂直岸坡走向布置,勘探线距宜为 80~200 m,勘探点距宜为 50~80 m。对土质岸坡和建筑物密集的岩质岸坡勘探线线距和点距宜取小值;对建筑物不密集的岩质岸坡宜取大值。但每一库岸段(或亚段)勘探线不应少于一条,每条勘探线上的勘探点数不宜少于 3 个,勘探线最下面一个勘探点应布置在河流枯水位或水库死水位线附近。

②详细勘察阶段的勘探线应尽量与可能治理工程的构筑物轴线重合,勘探点距宜为 25~60 m,横向变化大时宜取小值,横向变化小时宜取大值。必要时应布置与治理工程构筑物轴线正交的辅助勘探线。

第四章
地质灾害防治工程勘察的设计

勘察设计是指根据地质灾害防治工程勘察工作的要求,结合勘察区地质灾害情况确定勘察所要解决的主要地质问题后,编制的技术经济上合理、组织步骤完善的勘察方案。勘察设计是指导勘察区施工的依据,也是检查和衡量地质工作质量及经济技术活动的标准。编制勘察设计是地质勘察工作必不可少的一个环节。

地质灾害防治工程勘察各阶段勘察工作实施前均应先进行勘察设计。前一勘察阶段的勘察成果(即勘察报告)是后一阶段勘察设计编制的基础,应充分考虑前一勘察阶段工作量来设计布置本次勘察的工作量。勘察设计应在充分搜集现状地形图及其他有关资料、认真进行现场踏勘、划分地质环境复杂程度、确定地质灾害防治工程等的基础上进行。

第一节 地质灾害防治工程勘察设计编制前的准备工作

①搜集资料

根据本次勘察的具体要求,充分搜集勘察区的水文、气象、气候、自然地理资料;搜集测绘资料和图件,包括地形图、测量的有关资料;搜集遥感资料、物探资料;搜集地方志关于地震、崩塌、滑坡、泥石流、暴雨、水文、气候等方面的记载;搜集地质资料,包括地形地貌、地层岩性、地质构造、新构造与地震、水文地质、工程地质、矿山地质、环境地质、地质灾害等。对上述资料应分类建档,评述其可利用程度,编制研究程度图。

②详细了解区内经济发展状况和勘察区内有关的建筑、工程、居民点、厂矿、交通运输、供水供电等情况。

③进行遥感图像解译,编制工程地质、灾害地质草图。

④进行野外踏勘

a. 通过踏勘,应对区内地质环境和致灾地质体建立起总体上的印象和认识。

b. 通过踏勘,应明确勘察区的范围,了解区内交通运输、劳动力、动力供应、场地、通信、气候等情况和施工地质环境(地形、岩性、产状、地下水等)及其复杂程度,研究投入钻探和重型山地工程的可行性。

c. 评价区内物探作业环境及干扰因素,评价可投入的物探方法,并预测工作量。

d. 在现场基本确定勘探剖面和勘探点位。

e. 踏勘范围应大于勘察范围一倍以上，一般要求进入相邻的地貌单元和水文地质单元。

f. 踏勘时，追索和横向穿越两种方法都应采用，尽量追索致灾地质体边界。

g. 对于大型致灾地质体，首先认真观察其全貌和总体形态特征并勾画草图、录像、拍照；然后再进入灾害区。

h. 踏勘时，可适当投入剥土、槽探，以揭示地质现象。若覆盖十分严重时，可适当投入物探以确定勘探剖面。

第二节　地质灾害防治工程勘察设计编制的内容

地质灾害防治工程勘察设计书宜有以下主要内容：

①前言，包括勘察依据、目的任务、前人研究程度、执行的技术标准、勘察范围、防治工程等级。

②勘察区自然地理条件，包括位置与交通状况、气象、水文、社会经济概况。

③勘察区地质环境概况，包括地形地貌、地层岩性、地质构造与地震、水文地质、不良地质现象、破坏地质环境的人类工程活动、地质环境复杂程度。

④致灾地质体基本特征，包括形态特征、边界条件、物质组成、近期变形特征、发育阶段、影响因素及形成机制、破坏模式及其危险性。

⑤勘察工作部署，包括勘察手段的选择，勘察工作比例尺的确定，地质测绘及勘探点密度的确定，控制测量、地形测量、定位测量的布置，工程地质测绘，控制剖面的布置，物探、钻探、槽探、井探、洞探等勘探工作的布置，水文地质试验，岩土现场试验，岩土水样的采集及试验的布置，监测工作的布置以及各种方法的工作量等。

⑥技术要求，包括各种手段、方法的技术要求及精度。

⑦勘察进度计划，包括各项勘察工作的时间安排及勘察总工期（用进度横道图表示）。

⑧保障措施，包括人员组织，仪器、设备、材料、资金配置，质量保证措施，安全保障措施。

⑨经费预算（含执行的定额标准）。

⑩预期成果，包括勘察报告及各种附图附表；实物标本、影集及成果数字化光盘；监理报告、监测报告和野外工作验收报告以及相关附件。

第三节　各类地质灾害防治工程勘察设计编制的内容

一、危岩-崩塌灾害勘察设计编制的内容

1. 灾害概况

2. 设计依据和本次勘察的目的任务

3. 勘察区概况

自然地理、气候、水文、交通、经济、发展规划和环境地质概况。

4. 勘察的崩塌体概况

5. 勘察工作部署

勘察工作布置原则、勘察手段的选择、勘探网点的布设、勘探剖面的构成及其功能分析、勘察工程的综合利用、勘察主要工作量及定额指标。

6. 勘察工作的技术要求、技术措施及技术质量指标

包括遥感解译、测绘、物探、钻探、山地工程、试验、监测、稳定性评价、灾害分析、内业整理、图件编制、报告编写等。

7. 勘察工作的组织计划及工作进度

人员组织及分工;仪器、设备和材料;施工组织及施工质量保证措施,施工安全及环境保护;施工监测措施、工作计划及勘察工作进度安排。

8. 预期成果

①成果报告名称及文字数量估计。

②报告提纲及章节安排。

③报告主要附件、附图名称。

9. 经费预算

10. 设计书主要附件、附表

①研究程度图。

②灾害体地质草图(附地层柱状图和剖面图)。

③勘察工作布置图(附钻探剖面、物探剖面、典型钻孔、平硐等勘探设计图)。

④主要工作量一览表。

⑤仪器、设备及主要材料明细表。

⑥各种费用预算表。

二、滑坡灾害勘察设计编制的内容

1. 基本内容

①前言,包括任务来源、本次勘察的目的、任务、区域自然地理概况、当地经济状况、工程设施和滑坡灾害历史及其研究程度等。

②地质环境概况,滑坡灾害发育、分布及危害概况,拟查滑坡的主要问题。

③勘察工作部署、工作方法、技术要求、工作量及施工顺序、时间安排等。

④人员组织管理及经费预算。

2. 基本附图

①区域工程地质简图。

②勘察工作布置图。

如果滑坡规模小、成灾条件较简单时,以上附图可酌情合并;反之,可适当增加图件。

三、泥石流灾害勘察设计编制的内容

在对泥石流沟勘察之前,应尽量全面和详尽地收集该沟谷及其附近的泥石流形成与成灾的背景资料。这些资料包括地形图、航片、地质图、气象水文资料、土壤植被资料、前人做过的泥石流防治和研究工作的有关资料、人类经济活动资料。

勘察设计一般应包括：泥石流勘察设计编制的依据、勘察目的与任务、勘察工作布置与技术要求、工作计划与进度、预期成果和经费预算6个方面的内容。

四、岩溶塌陷灾害勘察设计编制的内容

勘察设计应根据勘察任务书的要求，在搜集已有资料和野外踏勘的基础上进行编制。一般应包括：

①勘察目的与任务。

②勘察内容。

③勘察工作的项目。

④工作量及其技术要求。

⑤工作计划及进度。

⑥经费概算。

⑦预期成果等。

第五章
地质灾害防治工程勘察施工管理及原始地质编录

第一节 勘察工程施工的一般要求

通常,在编制了勘察设计并经过审批合格后,就可以进行野外勘察工程的施工了。同时,还要进行勘察工程的施工管理及原始地质编录工作。

在勘察区内,设计勘察工程的数目有数个到数百个不等,应按一定的依据、原则、顺序和方法施工。勘察工程施工的依据是勘察设计、专项施工设计及在施工中获得的资料。施工的原则是"由已知到未知、先地表后地下、由易而难、先稀后密"等。施工的顺序体现在勘察手段、勘察线及钻孔等方面,具体是:一般先进行水文地质测绘(并辅之以坑探)和地面物探,再进行钻探、测井、试验、采样、监测等,有条件时还可应用遥感技术等;先施工主要勘察线,再施工辅助勘察线;先施工控制性钻孔,再施工其他钻孔,同一勘察线上按浅孔→中深孔→深孔的顺序施工。施工的方法根据勘察工期、设备等可选择依次施工法、平行施工法、依次-平行施工法等(表5.1)。

表 5.1 勘察工程施工的方法

施工方法	内 容	特 点	运用条件
依次施工法	新的工程施工是在前一工程施工所获得资料的基础上进行的	需要的设备和劳动力较少;布孔有充分的地质依据;施工周期较长	专门性钻孔和控制孔的施工;控制水文地质边界等
平行施工法	大量的勘察工程同时施工	需要的设备和劳动力较多;施工周期较短;工程布置缺乏充分的依据,常造成废孔	有充分的地质资料;水文地质情况简单;有足够设备和劳动力;勘察任务紧急
依次-平行施工法	先依次施工部分工程,在获得资料的基础上,再施工一批新工程	综合了上述两种方法的优点	有一定地质资料的前提下,是最合理的施工方法

第二节 勘察工程的施工管理及原始地质编录

一、勘察工程的施工管理及原始地质编录概述

勘察工程的施工管理是指对勘察工程施工时的组织管理、生产管理、技术管理、质量管理和劳动管理等方面的管理工作。勘察工程的施工管理直接关系工程施工的进度、安全、质量及勘察成本,做好勘察工程的施工管理对整个勘察工作至关重要。勘察工程的施工管理一般包括3个环节:施工前的准备工作、施工过程中的管理工作及竣工后的管理工作。

编录是将勘察工作中所观测到的地质现象、数据、研究成果、技术现状及经济效果,用文字、图件、表格等形式正确而系统地表示出来的过程,可分为地质编录和技术经济编录两大部分。地质编录的任务是全面记录显示工作区的地质现象、特征和规律的资料,为地下水开发、利用提供可靠的地质依据。

勘察工程原始地质编录是对自然地质露头和勘察工程所揭露的地质现象进行直接观测,并用文字、图件、表格、实物材料、照片、音像等进行现场记录和室内整理的过程。原始地质编录要求"正确、统一、系统、及时"。"正确":地质内容真实、客观、全面、资料准确可靠;"统一":对各种地质现象观察和描述的要求、地层划分的标准和代号、图例、比例尺等要统一,并简明、清楚、精确;"系统":与勘察区有关的全部资料要进行系统收集;"及时":随施工进展及时编录,解决施工中资料的收集和出现的问题等。原始地质编录可以用手工或掌上电子计算机进行,并使用规定的量具和工具及计量单位(名称、符号)。原始地质编录时地质观察点、地质剖面、坑探和钻探工程、样品等的代号、编号方式见表5.2,编录时所需主要用品见表5.3。

表5.2 常用原始地质编录用语及代号、编号方式

编录用语	代 号	编号方式	备 注
地质观察点	D	由"勘察区代号(常可省略)+类别号+顺序号"顺次连接而成	号码允许不连续、缺号,但不允许有重号
勘察线	1,2,3,…	由勘察区中部向两侧编号,此时最好是奇、偶数号各在一侧,或从一侧向另一侧连续编号	按勘察阶段最密的勘察线间距设计勘察线号,随着阶段的推移从最大号到最小号使用
探槽	TC	(1)由"工程代号+勘察线号+该类工程顺序号"顺次连接而成;(2)在尚无法确定勘察线和工程量少的工作区,可按"工程类别+顺序号"统一编号;(3)其他零星工程可按全区顺序编号	(1)如××勘察区2号勘察线上的第一个探槽编号为"TC201";18号勘探线上的第一个钻孔编号为"ZK1801";(2)如钻孔"ZK1,ZK2,…",探槽"TC1,TC2,…",但需在设计中作出规定
探井	TJ		
钻孔	ZK		

编录用语	代号	编号方式	备注
水样	S		
水化学分析样	SH	由"勘察区代号(常可省略)+类别号+顺序号"顺次连接而成	(1)号码允许不连续、缺号,但不允许有重号;(2)填写"采样记录表""音像记录表"等
岩(土)力学试验样	YL		
照片	ZP		
录像	LX		

表 5.3 原始地质编录工作所需主要用品一览表

用品名称	剖面测制	槽探	井探	钻探	采样
地质锤	√	√	√	√	√
罗盘	√	√	√	√	
放大镜	√	√	√	√	√
测绳(皮尺)	√	√	√		
钢卷尺	√	√	√	√	√
手持 GPS	√	√	√		
计算器	√	√	√	√	√
数码相机或摄像机	√	√	√	√	√
三角板、量角器	√	√	√		
讲义夹	√	√	√	√	√
文具盒(铅笔、橡皮擦、小刀等)	√	√	√	√	√
基点用木桩	√	√	√		
毛笔、油漆或防水符号笔	√	√	√	√	
照明灯具			√	√	
样品袋、样品签	√	√	√	√	√
地质点、线记录表	√	√	√		
照相记录表	√	√	√	√	√
探槽记录表		√			
圆井记录表			√		
钻孔地质记录表、钻孔采样记录表				√	
钻孔简易水文地质观测记录表				√	
水样容器		√	√	√	√
水文地质点卡片		√	√	√	
水文、工程地质编录表		√	√	√	
地下水动态观测记录表		√	√	√	

勘察工程的施工管理及原始地质编录,是全部野外勘察工作最基础、最重要的内容,它对按时有效、保证质量地完成地质勘察任务起着至关重要的作用。在野外的实际工作中,勘察工程的施工管理及其原始地质编录基本上是同时进行的,它们之间有着十分密切的联系:前者侧重于生产管理、劳动管理及质量管理等方面的内容;后者侧重于地质技术管理方面的内容。

在地质灾害地质勘察中,勘察工程的施工管理及原始地质编录主要是针对坑探工程和钻探工程进行。

二、坑探工程的施工管理及原始地质编录

(一)坑探工程的施工管理

1.施工前的准备工作

(1)编制坑探工程专项施工设计

通常,坑探工程施工前必须进行专门的施工设计,内容包括:坑探工程的断面规格、凿岩爆破、装岩、运输(提升)、支护、围岩加固方法、通风、排水、照明、供电供水供风,设备、器材的选择、用量等,还需施工进度、工程质量保证、经济指标计算等说明。没有编制与审批合格的施工设计不准施工。坑探工程必须按照设计进行施工,在施工过程中,如需变更设计时,应经原设计审批单位批准,并下达设计变更通知书。对于施工简单的坑探工程,如剥土、试坑等,也可不必编制专项施工设计。

坑探工程的设计与施工,必须贯彻安全生产的方针,即抓生产必须抓安全。一切从事坑探施工的人员,必须熟悉本工程的操作技术和安全知识,对新工人要进行技术及安全教育。

(2)组织施工队伍

如果勘察单位有自己的坑探工程施工队伍,只需做好协调和任务下达工作就可以了。但由于改制及其他原因,在地质勘察单位中一般都没有专门的坑探工程施工队伍,而是把工程施工任务承包出去或就近组织当地农民工施工。因此,施工前地质和施工管理人员不仅要做好本身的业务工作,还要担负起组织施工队伍的工作。一般在勘察设计和单项工程施工设计批准后,负责承担施工的勘察队伍及工区应及时联系承包坑探工程的施工力量。当施工队伍组织好后,地质和施工技术人员应下达施工任务,并对工程相关情况进行介绍,特别是要做好施工技术和安全教育工作。

(3)签订合同

由地质人员及施工管理人员协同乡村干部,根据双方的设备条件签订书面合同。合同主要包括坑探工程的开工日期、完工日期、施工的规格、质量要求、费用、安全责任、医疗费用,以及对违反合同条款双方应承担的经济法律责任等,其中,要特别强调安全问题。对危险物品如炸药、雷管的管理和使用应落实责任到人,以免发生人身事故或其他危险。对施工中可能造成的农作物损坏以及由此造成的赔偿费用问题的处理意见列入合同之中。合同也是工程施工管理及质量验收的重要依据。

(4)坑探工程定位

野外标定坑探工程的位置,原则上要根据勘察设计的要求进行。由于野外地形复杂,植被覆盖情况不一,在设计中不可能把野外实际情况都考虑周全,可能与实际地形有出入,因此,在野外定位要求地质人员到现场实地踏勘,并根据设计的意图确定坑探工程的位置,在充分满足地质需要的前提下,适当调整坑探工程的实际位置,最终定位、埋桩、编号等。

　　一般情况下,探槽的位置应选择在坡脊等浮土较薄的地段,并避开塌陷区、滑坡区等,尽量不占或少占农田。其中,主干探槽原则上应尽量布置在勘察线上,若受到地形影响可适当离开勘察线。对于机动工程或专门为了追索某一地层、标志层或断层的短槽,需根据现场情况灵活掌握,以达到预期的地质目的为原则。探井还应考虑出渣、排水方便及防止暴雨时洪水注入坑道。对于位置无法变动而又受水害威胁的工程,要合理安排施工时间,尽量在枯水季节施工。当坑探工程的位置确定后,必须打上木桩作为标志,并进行编号登记。必要时,要求测量人员对工程位置进行精确定位。

2. 施工过程中的管理工作

坑探工程在施工过程中的管理工作主要应做到以下 3 点:一是要确保施工安全;二是要达到地质目的;三是在确保工程质量和施工安全的前提下,争取最理想的经济效果。

在探槽的施工过程中还应注意以下 6 个问题:

①探槽的长度取决于所要揭露的剖面长度,是在充分研究地表地质情况和地形特征后确定的,不可擅自改变。

②探槽的深度不超过 5 m。一般见基岩后需再挖 0.3~0.5 m,以便观察和描述新鲜岩层及测量产状。实际中,只能根据地貌特征及邻近冲沟的表土厚度概略预计施工地点浮土的厚度以确定探槽的施工深度。

③探槽的断面形状要考虑施工点浮土特点和安全因素,参考表 5.4 确定。

④探槽的槽口宽度要依据探槽的预计深度、断面形状及表 5.4 中两壁的坡度角确定(见图 5.1)。

⑤在探槽深度较大、雨季或土层易坍塌的地段施工时防止槽壁坍塌。

⑥使用炸药爆破清除滚石或开挖坚硬岩石时,要有专人负责,加强管理。

表 5.4　探槽断面形状

深度 底宽和两壁坡角	< 1 m	1~5 m		
		表土结实	表土较松散	表土松软、潮湿、易坍塌
0.6~1.0 m	近 90°	80°~75°	75°~70°	≤65°
探槽断面形状	矩形	倒梯形		台阶形

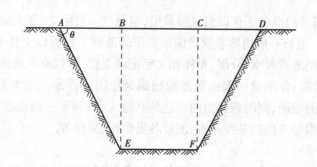

图 5.1　槽口宽度确定方法示意图

AD—槽口宽度;EF—槽底宽度;BE,CF—预计探槽深度;θ—槽壁坡度角;$AD = 2BE \cot \theta + EF$

在探井施工中,应注意爆破、提升运输等方面的安全;及时清理积水;加强通风、排烟等。

3.竣工后的管理工作

(1)验收

坑探工程施工结束后,双方要同赴现场,按合同进行验收。凡不合格的、达不到地质目的的地段,应坚决返工;对不按合同要求私自多挖的部分不予验收。如因客观条件限制没有达到地质目的时,可向施工者讲明情况,采取补救措施。如沿走向两侧邻近处补挖接续短探槽,力求达到预期的地质目的。

(2)收方、计酬

坑探工程经验收合格后,地质人员和专职工程管理人员应会同工程承包单位进行收方,计算出工程量,并按规定单价进行计酬。在收方、计酬时,应认真负责,既不能少算侵犯劳动者的利益,也不能多算损害国家利益,更不能接受贿赂损公肥私。

由于探井的断面形状比较规则,收方比较容易,可根据计算出的断面积乘以深度,即为土石方工程量。而探槽由于其受土质、深度的影响,整个槽子的形状往往不规则,不能将其作为一个简单的梯形体来计算,收方时应根据槽体形状变化特征,多选几个测点,丈量其顶宽、底宽及深度,然后取平均数,将其化作一个理想的梯形断面,再乘以探槽的长度,计算其土方量。

(3)标注工程位置

测量人员用仪器对工程位置进行复测,标注到地质图上。在探槽中,地质人员通过编录而确定的地层分界线、表土层、含水层、隔水层及构造点、泉点等,也要用仪器进行坐标测量后标注在工程布置图上。

(二)坑探工程的原始地质编录

坑探工程的原始地质编录可根据工程掘进方式的不同或施工条件的不同而逐段编录或竣工后一次编录。

1.探槽的原始地质编录

探槽原始地质编录的对象是经地质、施工管理及施工人员三方现场验收,施工质量符合要求并已达到地质目的的探槽。由于探槽常垂直地层走向布置,因此,其是横向切穿岩系,揭露的地质剖面是一种横向剖面系统,一般是通过观测、记录相关实测数据和地质现象后,绘制一壁一底展开图来完成探槽的原始地质编录。具体编录方法如下:

(1)准备工作

探槽原始地质编录的准备工作即组成编录组,编录组一般由2~3人组成,包括组长、作图员和测手(可兼任)。组长一般由熟悉探槽编录工作的助理工程师以上技术人员担任,全面负责编录工作,主要承担地质观察、分层、布样和文字记录工作,掌握有关规范、设计及工作细则,熟悉探槽周围地质情况;作图员一般由熟悉探槽编录绘图工作的技术人员担任,协助组长工作,主要负责素描图的编制,同时兼任组内合适的其他工作;测手一般由技术人员或熟练的地质工担任,主要负责编号、打桩、基线布置、测量各类数据、采样等。

(2)探槽野外编录

在野外现场用手工方式或利用数字化野外采集系统进行原始地质编录时,可先作野外手图,手图上可简化某些要素,用临时代号、简单的注记等代替,作为原始资料备查。

1）确定编录壁和绘图方向

探槽编录一般只作一壁一底展开图,因此,要选定探槽的一壁作为编录壁。确定方法是:当两壁上基岩露头的地质现象可对应吻合时,东西向或大致东西向的探槽选北壁,南北向或大致南北向探槽选东壁;选择的编录壁为首选壁,常首选正北壁、北西壁、北东壁和正东壁;若首选壁的基岩露头不理想时,可选择对应的另一壁;一般情况下以首选壁为主,对应壁为辅。

编录壁确定后,再确定方位,若编录方位为 0°~180°,绘图方向从左往右;若编录方位为 180°~360°,绘图方向从右往左。如果是先确定了探槽的方位,那么要编录的壁必须是方位向的左边那个壁。

2）槽壁总体观察

正式编录之前,编录人员要对探槽内地质现象进行认真的观察研究,确定基岩面、分层单元和布置样品,达到认识统一后再进行编录。确定基岩面即通过观察正确判断残坡积物与风化基岩的界线;确定分层单元是依据水文地质条件的复杂程度,一般同工作区填图单元一致,应区分出含水层、隔水层;布样即根据探槽对岩层的剥露情况布置样品,在保证样品代表性的前提下,可在槽壁或槽底上布样。

3）设置基线

基线即用于观测的皮尺。设置基线包括选择基线位置、挂线、测量方位角和坡度角、记录基点基线等方面。

基线位置宜选择在基岩与浮土的分界线附近,基线所通过的地方应尽量避开覆盖层并高低适中以便测量;受槽底起伏及基岩出露的影响时,允许局部地段的基线从覆盖层上方通过;但工程起、止两个端点应布在地表;探槽过长或有拐弯时,应分段设置基点及基线(图 5.2)。

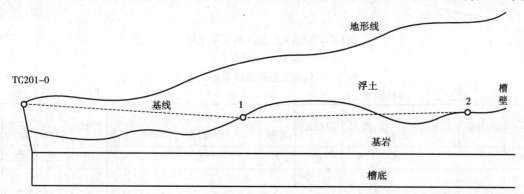

图 5.2　基线位置选择示意图

挂线即在基线两端(基点)打上编号的基线桩,将皮尺拉紧成直线挂在桩上就成为基线,第一条基线起点为零。

测量方位角和坡度角时,组长及测手分别作为前、后测手,用罗盘测定基线的方位角和坡度角,两者的读数误差在3°之内时,取平均值作为基线的方位角和坡度角,并填入"坑探工程基点基线记录表"(表5.5)中。

用仪器测得基点坐标,读出基线长度,填入"坑探工程基点基线记录表"(表5.5)中。

表5.5　坑探工程基点基线记录表

项目名称＿＿＿＿＿＿＿　工程号＿＿＿＿＿＿＿　　　　　　　　第＿＿页/总＿＿页

基　点				基　线			
编号	坐标/m			编号	长度/m	方位角/(°)	坡度/(°)
	X	Y	Z				

记录人＿＿＿＿＿　　日期＿＿＿＿＿　　检查人＿＿＿＿＿　　日期＿＿＿＿＿

4)槽形测量

探槽的槽形由槽顶线(地形线)、基岩线、槽底线3条线控制("槽形三线")。槽形测量的方法是:在槽顶和槽底的槽形特征变化处(见图5.3中①),要量取基线至槽顶的高度(点上距)及基线至槽底的深度(点下距)并记入表5.6的第2,3栏中;对基岩起伏特征点(见图5.3中②),要量取基岩面至基线的距离并记入表5.6的第4栏中(基岩与覆盖层的界面在基线之上者用"＋"号表示;在基线之下者用"－"号表示)。

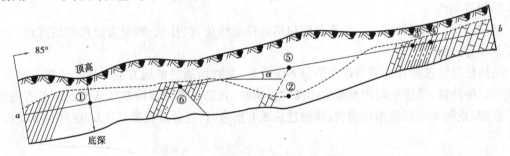

图5.3　探槽原始地质编录示意图
ab—基线;②—观测点

表5.6　坑探工程原始地质记录表

项目名称＿＿＿＿＿＿＿　工程编号＿＿＿＿＿＿　　　　　　　　第＿＿页/总＿＿页

基线编号	点上距	点下距	基岩深度	层号	换层距	岩石名称	地质描述	厚度	产状	采样层位	备注
1	2	3	4	5	6	7	8	9	10	11	12

注:长度单位　m　记录人＿＿＿＿　　日期＿＿＿＿　　检查人＿＿＿＿　　日期＿＿＿＿

5)分层界线的确定及构造点或水文点的测量

认真观察和确定岩层尤其是标志层、含水层、隔水层、其他特征岩层等的分层界线(见图5.3中③④⑤)及断层、褶曲等构造点或水文点的位置(见图5.3中⑥),若基线从基岩上方通过时,将分层线顺延至测线,方可读数。分层的层号、换层点距基线起点的距离及岩石名称填入表5.6的第5,6,7栏中;对表土层、含水层、隔水层或其他特征岩层及构造、现象等要进行详细描述并测量厚度、产状记入表5.6的第8,9,10栏中。地质描述与绘制素描图必须在实地同

时进行,描述的主要内容包括:

①地层岩性的划分。第四系堆积物的成因、岩性、时代、厚度及空间变化和相互接触关系;基岩的颜色、成分、结构构造、地层层序及各层间的接触关系;软弱夹层的岩性、厚度及其泥化情况。

②岩石的风化特征及其随深度的变化,进行岩石风化分带。

③岩层产状要素及其变化,各种构造形态;注意断层的产状、形态、力学性质和破碎带的宽度、物质成分及其性质;节理的组数、产状、延伸性、隙宽、间距(频度),有必要时作节理的素描图和统计测量并作节理玫瑰花图。

④水文地质情况,如区分含水层、隔水层,说明地下水渗出点位置及水量大小等。

6)采样

采集的土样、岩石样、水样等,要编号并注明位置,记入表5.6的第11栏中,并填写坑探工程采样及分析结果记录表(表5.7)。

表5.7　坑探工程采样及分析结果记录表

项目名称＿＿＿＿＿＿　　工程编号＿＿＿＿＿＿　　　　　　　　　　第＿＿＿页

实验室号	样品编号	采样位置/m		样长/m	采样规格/cm	采样方法	样品重量/kg	样品袋数/袋	岩石名称	采样日期	采样人	分析结果		备注
		自	至											
1	2	3	4	5	6	7	8	9	10	11	12			

填表人＿＿＿＿＿＿　　日期＿＿＿＿＿＿　　审核人＿＿＿＿＿＿　　日期＿＿＿＿＿＿

7)绘制探槽素描草图

根据实地观察和测量数据、岩性、产状等资料,绘出探槽一壁(或两壁,据实际情况)的素描草图。对有意义的细小地质、水文地质现象(如断层带、泉点等),应放大比例尺绘制。

8)影像资料采集

对探槽中有特殊意义的地质点或地质现象,可进行拍照;对探槽的壁和底进行数码摄像,作为影像资料保存并辅助室内编录;填写音像记录表(表5.8)。

表5.8　音像记录表

项目名称＿＿＿＿＿＿　　工程号＿＿＿＿＿＿　　第＿＿＿页/总＿＿＿页

记录形式	记录编号	记录地点	记录对象	实物大小、范围	数码图像文件	距离	地质意义

注:记录形式指摄像、照片、录音等。　　记录人＿＿＿＿＿＿　　日期＿＿＿＿＿＿

野外编录结束后、解皮尺之前,要对收集到的数据、文字、草图等资料进行检查,做到文图吻合。如无差错和遗漏现象,方可解去皮尺。

(3)绘制探槽展开图

探槽展开图也称素描图,是通过测量槽壁及槽底上的各类地质编录要素(界线、产状、样品位置等)与基线的相对位置,按比例缩小后绘制的一壁一底图。探槽展开图一般在室内使用手工和计算机绘制。

1)绘制探槽展开图的基本要求

①素描图比例尺。根据探槽长度和水文地质复杂程度,素描图比例尺一般为1∶50～1∶200,同一勘察区的探槽工程素描图比例尺必须统一,垂直比例尺应与水平比例尺一致。一般按比例缩小后宽度大于1 mm的地质体均应勾绘到素描图上。有特殊意义的地质现象虽小于1 mm,也应放大表示,其方法是从该点引出图外,作一幅放大素描图(图5.4)。

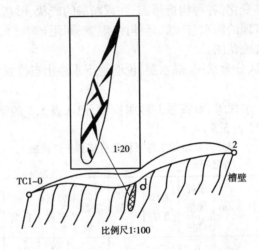

图5.4　特殊地质现象放大素描示意图

②槽壁、槽底位置。槽壁图一般绘于素描图的上方,槽底图绘于素描图的下方,槽底与槽壁之间应留1 cm以上间隔(以便标注产状、样号等)。槽底按正投影绘成等宽的长方形,其宽度一般为1～1.5 cm。若遇特殊情况,需绘另一槽壁时,应投绘在槽底的下方(图5.5)。

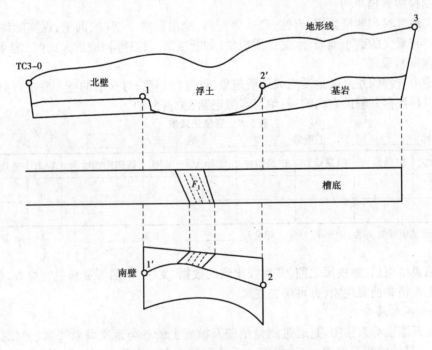

图5.5　槽壁、槽底位置示意图

③尽量将工程的北、北东、东、南东端置于图的右端。

2)绘制探槽展开图的基本方法

①合理布置各图面要素。探槽展开图上包括的图面要素有:图名、比例尺、素描图、样品分析结果表、图例、责任栏等。对这些图面要素应布局合理、图面紧凑、整齐美观。展开图总体布局呈矩形,布置的各图面要素要使各部位留有一定的间隙(一般为2~3 cm),所空图边要大于间隙,并尽量使间隙、空边各自对称。布图的具体方法是:准备好坐标纸;根据探槽的编号、长度、高差等,确定图名、比例尺、基线起点、槽壁、槽底、样品分析结果表、图例、责任表等在坐标纸上的相应位置;通常图名写在图幅的上部,左右居中,工程号数字与工程代号同样大小,并各自占汉字宽度的1/2,如"××勘察区 TC0301 素描图";用数字比例尺表示制图比例,字号要比图名小,与其间隙一般在1cm 左右;图面左上为素描图、左下为样品分析结果表;右上为坐标、右中为图例、右下为责任栏,坐标和责任栏的右端一般不要超出图例右端;图与图例基本在一个横列上;分析结果表和责任栏在一个横列上。

②绘制基点、基线。以图上确定的第一条基线的0号基点为起点(为使作图和检查方便,尽量将编录起点放于5 mm 或1 cm 方格线上基点位置画2 mm 直径的圆圈、圆心加点,下同),用测出的坡度角在坐标纸上画出基线并按比例尺确定基线在图上的长度,基线的终点为基点1。

③绘制槽形。根据表5.4 中记录的数据并在基线上找出槽形特征点和基岩起伏特征点后,按比例尺截取点上距、点下距及基岩深度,并将相同性质的点连接起来,即绘出地表线(槽顶线)、基岩线、槽底线,构成了槽壁轮廓。

④定分界线及构造点。在基线上定出分层界线及构造点或水文点位置,用伪倾角画在图上,按图例填上岩性、标明产状和采集点等,即绘制出探槽一壁剖面图(图5.6)。

⑤绘槽底图(槽底素描)。槽底素描一般采用以壁投底的方法,作槽底水平投影图,通常画在槽壁剖面图的下方。其方法是:先在槽壁剖面图的下方画一水平线,并根据槽底的宽度作一条与之相平行的线;再将槽壁两端点及槽壁底界上的岩层、含水层、隔水层分界点和断层点、采样点等垂直投影于水平线上;再按岩层走向绘出分层界线并填绘岩性符号,按断层走向绘出断层等,即绘出了槽底剖面图(图5.6)。

⑥将手工绘制好的探槽展开图,要求在 MapGIS 平台上整理转绘成清图。

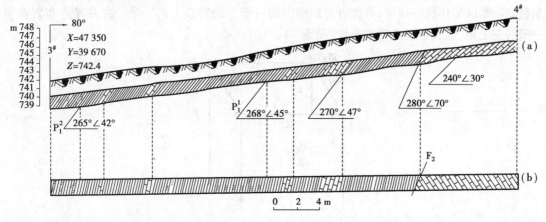

图5.6　探槽一壁一底展开图

（4）绘制探槽柱状图

根据野外记录数据，换算出岩（土）层、含水层、隔水层等的真厚度，按标准岩性符号绘出探槽柱状图。

（5）室内整理工作

根据各种测量成果和样品的鉴定、测试成果对野外编录资料进行修正、补充、归纳整理，按规定格式编制、完善必要的图表。

（6）探槽原始地质编录应提交的资料

①坑探工程基点基线记录表。

②坑探工程原始地质记录表。

③坑探工程采样及分析结果记录表。

④音像记录表。

⑤照片、音像及各种样品的实物资料。

⑥探槽素描图和柱状图。

⑦测量成果，除基点外的地层分界点、水文点、构造点等坐标资料。

⑧工程登记表、工程验收报告（表）、地质小结。

通常，自探槽施工结束后10日内应向项目组提交探槽编录原始资料，由有关人员审查，15日内检查修改完毕。

2．探井的原始地质编录

探井的原始地质编录应在探井支护前随着掘进及时进行，包括方井和圆井的编录。由于探井是沿铅垂向掘进，因此，其是垂向切穿岩系，揭露的地质剖面是一种垂向剖面系统，一般是通过观测、记录相关实测数据和地质现象后，绘制一壁展开图或四壁展开图来完成探井的原始地质编录。

探井的原始地质编录也要组成编录组，一般由2～3人组成，其中，组长全面负责编录工作并安排和协调其他组员工作。

（1）方井原始地质编录

1）方井原始地质编录的基本要求

①编录壁的确定及基点、基线布设。一般方井编录第一壁首选正北壁、北西壁、北东壁、正东壁或勘察区应作统一规定，并使方井四壁中的一壁与勘察线方向一致。方井基点布置在第一壁的左上角，基线自基点铅垂布设（图5.7）。

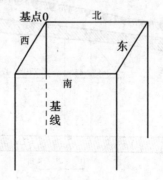

图5.7 方井基点、基线布设图

②井壁展开方法。如选北壁作第一壁后,北壁不动,从北壁与西壁交线处断开,将西、南、东3个壁同时作逆时针旋转,直至与第一壁构成一个平面,则为方井四壁展开图(图5.8)。

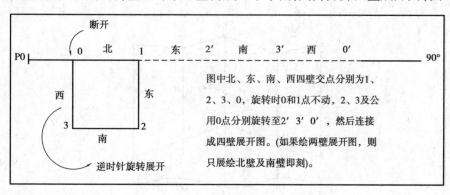

图5.8　方井四壁展开方法示意图

2)井壁的观测方法

通常用皮尺和钢卷尺对井壁进行观测。观测时,将皮尺由井口垂直放至井底作为纵坐标、以小钢尺为横坐标控制各界面点的位置。四壁的观测方法如下:

①在探井四角(A,B,C,D)挂垂直基线(皮尺),使起点为0;分别量取AB,BC,CD,DA四壁的宽度及方位。

②在4条垂直基线上分别量出基岩界面、分层界线、构造点、水文点等的深度,将上述测量数据及地质描述内容填入"探井原始记录表"(表5.9)。

表5.9　探井原始记录表

勘察区＿＿＿＿＿＿＿＿＿＿　工程编号＿＿＿＿＿＿＿＿　井口坐标 X＿＿＿＿ Y＿＿＿ Z＿＿＿＿
井壁方位 AB＿＿＿＿＿　BC＿＿＿＿＿　CD＿＿＿＿＿　DA＿＿＿＿＿　　　第＿＿页/总＿＿页

层号	层厚	测点号	分层深度(皮尺读数/m)				岩石名称	地质描述	产状	采样号
			A	B	C	D				

测量日期＿＿＿＿＿＿年＿＿月＿＿日　　　记录人＿＿＿＿＿＿＿＿＿＿＿＿＿＿

③对表土层、各岩石分层、构造点、水文点等按要求进行详细地质描述填入表5.9中,并测量产状。

④采样并填写"坑探工程采样及分析结果记录表"(表5.7)。

⑤对方井中有特殊意义的地质点或地质现象,可进行拍照。对方井进行数码摄像,作为影像资料保存并辅助室内编录。填写音像记录表(表5.8)。

3)绘制方井展开图

①绘制方井展开图的基本要求是:在地质、水文地质条件简单时,只需作方井一壁剖面图;在地质、水文地质条件复杂时,则需绘制方井四壁展开图。绘图比例尺为1:50~1:100。

②方井展开图的绘制方法如下:

a.在方格纸上,合理布置各图面要素(可参考探槽展开图)。

b.以井口最低一角(图5.9,B点)的标高为零点,根据测得的各点相对高差值,按一定顺序给出另外三角(A,C,D点)的位置;以基点(图5.9,A点)为基准,将四壁按自然接触关系平行展开;根据4条线的间距(井壁宽度),按比例画4条垂直基线,连线后构成方井四壁并标上四壁的方位。

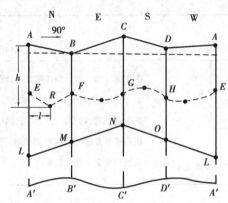

图5.9 探井编录示意图

c. 在4条垂直基线上,按记录数据截取基岩面点、各分层界线、构造点的深度及井底的深度。在相邻两井壁4条铅直基准线上,按照记录深度数据分别截取基岩面(图5.9,E,F,G,H点)、各种地质界面(图5.9,L,M,N,O点)、构造点、水文点及探井深度(图5.9,A',B',C',D'点)的界线和位置。

当地质界面在相邻两基线间变化较大时(如图5.9中的基岩面),则要根据弯曲变化点(图5.9,R点)的深度(h)和水平尺(钢卷尺)读数值(l)绘制该控制点的位置。同样,测出其他弯曲变化点的位置,再用圆滑曲线连接起来,即为基岩顶界面。

d. 连接相同的地质界面点,并按规定图例填绘岩性,即绘制出方井四壁展开图(图5.10)。在方井展开图上,应注明基点坐标、基线的编号、四壁的方位、岩层的产状、采样位置等。在展开图的上方或下方需画出探井的平面位置图。

井口坐标:$X=48\ 500$,$Y=39\ 740$,$Z=375$

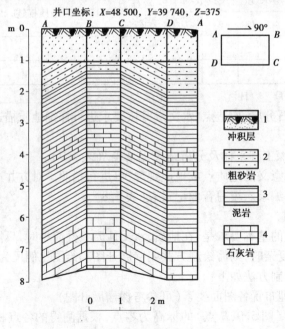

图5.10 探井四壁展开图

e.将手工绘制好的探井展开图在 MapGIS 平台上整理转绘成清图。

4)绘制方井柱状图

将表土层、各岩层的铅直厚度换算成真厚度,绘出方井柱状图。

(2)圆井原始地质编录

1)圆井原始地质编录的基本要求

①基点、基线布设。圆井基点设在勘察线方向与圆井在地表交汇的正北、北西、北东、正东点的井口边;基线自基点用皮尺铅直布设到井底。

②确定编录壁。基线通过的一壁为编录壁。

2)井壁的观测方法

通常用皮尺和钢卷尺对井壁进行观测。观测时,将皮尺由井口垂直放至井底作为纵坐标,以小钢尺为横坐标控制各界面点的位置。

图 5.11　沿井筒轴向切面观测示意图

①对地质、水文地质条件简单的圆井,只观测一壁,测量是沿井筒轴向切面进行(图5.11),最好每掘进 2 m 编录一段。其观测方法是:

a.在切面与井壁的交线方向挂垂直测线(A,B)。

b.分别读出两条测线上基岩、各分层界线点、构造点、水文点等的深度,并逐层进行地质描述和测量产状。将上述测量数据及地质描述内容填入"探井原始记录表"(表5.9)。

c.采样并填写"坑探工程采样及分析结果记录表"(表5.7)。

d.对圆井中有特殊意义的地质点或地质现象,可进行拍照。对圆井进行数码摄像,作为影像资料保存并辅助室内编录。填写"音像记录表"(表5.8)。

②对地质、水文地质条件复杂的圆井,应观测四壁,其观测方法基本同方井。在测量开始时,需先在井口的四周选好4个固定点,该4个点与圆井的中心点连线的方位,应分别为北45°东、北45°西、南45°东、南45°西,如图5.12所示的 M,H,N,O 四点。从该4个点向探井底部垂下 4 条皮尺,再测量各地质界线点、构造点、水文点等。为了使圆井四壁展开图中一壁的地质剖面能够被勘察线剖面图所利用,可以使 NM 或 ON 的方向与勘察线的方位一致。

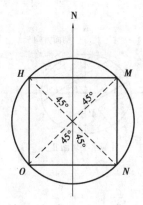

图 5.12　圆井井口挂尺点的选择

3)绘制圆井编录图

绘制圆井编录图的基本要求是:在地质、水文地质条件简单时,只需作圆井一壁剖面图;在地质、水文地质条件复杂时,则需绘制圆井四壁展开图;当圆井所揭露的岩层倾角较陡时,可通过编录不同深度的水平切面图,用以绘出井壁柱状剖面图。绘图比例尺为1:50～1:100。

①圆井一壁剖面图的绘制方法

a. 先以 A,B 间的距离(圆井的直径)按照比例尺在方格纸上画两条垂直的平行线。

b. 分别截取基岩深度点和分层点,连接同名地质界面点,并根据图例填绘岩性,即绘制出圆井一壁剖面图(图5.13)。图上要注明圆井轴切面的方位及圆井的平面位置、井口坐标、分层深度等及其他图面要素。

c. 将手工绘制好的探井展开图在 MapGIS 平台上整理转绘成清图。

②将表土层、各岩层的铅直厚度换算成真厚度,绘出圆井柱状图。

③圆井四壁展开图绘制的方法基本同方井,在此不重复叙述。

④圆井水平切面图和柱状剖面图的绘制

a. 在编录水平切面图时,要准确地标出切面图的方位和柱状剖面图的剖面线方向。切面图上的地质界线,可通过测其与剖面线的交点与井壁间的距离和界线的走向方位求得(图5.14)。切面图的位置通过测其距井口的深度求得。

b. 依据水平切面图绘制井壁柱状剖面图。先依据各水平切面图的深度,在井壁图上绘出各水平的切面线,如图5.14所示中井壁柱状上的Ⅰ、Ⅱ线;依据各水平切面图,绘出井壁柱状图上各水平切面线与各岩层分界线的交点,如井壁柱状图中Ⅰ水平切面线上的 A,B 点及Ⅱ水平切面线上的 A',B' 点;将各水平切面线上的同一岩层分界点相连,即绘得各岩层的分界线,如图5.14所示中连接 AA' 和 BB' 即得砂岩层的顶、底界线;按规定图例填绘岩性后,即得井壁柱状图。

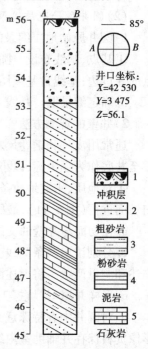

图5.13 圆井一壁剖面图

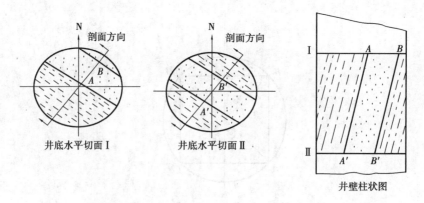

图5.14 用井底水平切面图绘制井壁剖面示意图

(3)探井原始地质编录应提交的资料

①坑探工程原始地质记录表。

②坑探工程采样登记表、送样单。

③音像记录表。

④样品、照片、录像等实物资料。

⑤样品测试成果。

⑥方井素描图。

⑦圆井素描图。

以上对探槽和探井两种常用坑探工程原始地质编录的要求、观测方法、编录图件绘制方法等进行了说明,它们有相似之处,如都是直接观测工程揭露的地质现象、都要组成编录组并有一定的要求、观测过程中都要测量各种数据和采样、照相及录像、编录图件都要注意图面设计和用 MapGIS 绘制清图等;它们也有明显的差异,如编录的剖面系统完全不同。但通过对坑探工程的原始地质编录后,获得了大量第一手的原始地质资料,需要强调的是:原始地质编录资料形成之后,原则上不许改动。确需改动时,必须经过研究、论证,并经实地核对后,经项目技术负责或中心(所、院、队)批准,可对原始编录中的地层及地质体代号、工程编号、岩石名称、术语及与此有关的文字描述部分进行修改。这些改动必须采用批注的形式进行,并注明修改原因、批注人及日期,不得采用涂抹方式修改。

三、钻探工程的施工管理及原始地质编录

(一)钻探工程的施工管理

钻探工程是地灾勘察中使用最普遍的重要手段,但由于受到地质条件和钻探技术条件等多种因素的影响,钻探工程也存在一些不足之处——如岩芯采取率很难达到100%、钻孔的方向会偏离设计的方向而发生歪斜、钻具的长度误差影响孔深及分层深度的准确性等,由此会使钻孔地质资料的可靠程度降低。因此,必须确保钻孔的施工质量和加强钻探工程的施工管理工作,为钻机安全、快速、高质量的施工创造条件,并获取更多可靠的地质、水文地质资料。

一般来说,钻探工程的施工管理包括开孔前的准备工作、钻进中的地质管理工作和终孔后的地质管理工作3个方面的内容(表5.10)。这项工作由地质技术员(大、小班记录员)和钻机机(班)长负责。能否取全和取准钻探第一手资料及其他技术经济数据等,与地质技术员和钻机机(班)长有直接的关系。

表5.10 钻探工程的施工管理主要工作一览表

3个大的环节	序号	具体内容	简要说明
开孔前的准备工作	1	熟悉勘察区的地质情况	熟悉勘察区内地层、水文、构造等地质特征
	2	踏勘孔位	确定孔位、调查开孔技术条件和钻探施工条件及确定开孔层位
	3	编制钻孔地质指示书	从地质和钻探两个方面编制单孔设计
	4	开孔验收	对钻机安装、泥浆系统、用具等方面验收
	5	召开钻孔开工会	介绍钻孔的地质情况和质量要求

续表

3个大的环节	序号	具体内容	简要说明
钻进中的地质管理工作	1	开孔工作	护孔和防止开孔孔斜
	2	钻探取芯与整理	取芯与整理方法
	3	钻探原始记录班报表的填写	班报表填写的内容及检查
	4	钻孔简易水文地质观测	观测内容、方法和要求
	5	预防钻孔偏斜	孔斜的类型、原因、措施及要求
	6	丈量钻具全长与孔深误差处理	实测孔深与记录孔深的误差及校正
终孔后的地质管理工作	1	终孔工作	下终孔通知
	2	测井工作	物探测井
	3	终孔验收	按钻孔质量标准验收
	4	封孔	指出封孔层位并按操作规程进行封孔
	5	岩芯缩选和入库	据要求缩选岩芯和入库
	6	钻孔资料整理归档	钻孔资料分类、整理、刻盘等

1. 孔前的准备工作

(1)熟悉勘察区的地质情况

着重熟悉勘察区内地层、水文、构造等地质特征。一般来说,通过阅读本区已有的地质资料和勘察设计并进行野外实地观察后,对本区的地质情况就可以有一个比较详细的了解。对于地质技术员来说,只有在熟悉并掌握本勘察区总的地质特征(尤其是相邻钻孔资料)的基础上才能正确认识和判断本孔的地质特点,进而有的放矢地进行钻孔施工管理和原始地质编录工作。

(2)踏勘孔位

踏勘孔位包括确定孔位、调查开孔地质技术条件、调查钻探施工条件及确定开孔层位等工作。一般由地质技术员和钻探人员共同完成。

1)确定孔位

根据设计钻孔在地形地质图上的坐标,将设计图纸上的钻孔,经测量人员用全站仪或 GPS 等"点孔"→野外现场初测孔位→调整,现场确定孔位→埋桩,桩作为钻场安装标志。一般由地质、物探、钻探技术人员到现场确定孔位,要求能满足地质要求,尽可能不占或少占耕地,并考虑施工方便。若条件允许时,可与当地建设规划与需要相结合确定。

2)调查开孔地质技术条件

地质技术人员要现场了解钻孔位置表土的特征及厚度,查明基岩风化程度和裂隙发育情况等,以确定开孔时是否下孔口管或套管。

3）调查钻探施工条件

钻探施工条件主要是指安装场地、供水水源、供电线路和交通运输等条件，一般由钻探人员负责。应了解施工现场地下电缆、管道以及地面高压电线分布情况，钻孔距地下埋设物的安全距离应大于 5 m；施工现场应保证"三通一平"（水、电、路通，地基平），并要求在钻塔起落范围内不得有障碍物。当场地不能满足钻探设备安装要求时需要修建地基，修建时必须考虑到地形、风向、雨季洪水的影响，并采取相应的安全措施；地基必须平整、坚实、适用；需采用填土修建时，必须进行打桩、夯实；塔基处填方面积不得大于塔基的 1/4；深孔或在沼泽地区施工时，塔角和钻机底座地基宜采用水泥墩加固。

4）确定开孔层位

开孔层位直接影响见矿深度和终孔深度的确定，一定要准确地确定开孔层位。具体确定的方法是：①在暴露区，应作勘察线实测剖面图，找出可靠的标志层作为依据；②在掩盖区，应详细分析已有的地层和物探资料，并充分利用邻近已施工的钻孔资料来确定开孔层位；③在新区，一般应在钻孔钻进一定深度后，再研究确定开孔层位。

（3）编制钻孔地质指示书

钻孔地质指示书是依据本区勘察设计、本孔地质和水文地质条件，在施工单位总工程师的主持下，由地质、钻探技术人员共同编制的、指导钻孔施工管理的地质技术设计（图 5.15）。它实质上就是钻孔的单孔设计，是钻孔施工的依据。单孔设计的内容包含地质和钻探技术两个方面，具体包括钻孔地质预想柱状图、岩石组成、可钻性等级、钻孔结构、钻进工艺、成井工艺、工程质量指标及安全生产措施等内容。

1）地质部分

地质部分由地质部门提出，由文字说明和钻孔地质预想柱状图两部分组成。

①文字说明。主要内容包括：施工区的地理位置、交通条件、地形地貌、气候和生活条件；设计钻孔的目的和任务、钻孔位置（坐标、标高）；地层划分和岩石可钻性级别、地质构造和水文地质条件，着重说明影响钻探施工的主要地质因素；开（终）孔层位、终孔深度；主要含水层和隔水层、涌（漏）水层段、孔壁坍塌及岩芯采取率、原始记录填写、简易水文观测、孔深误差、孔斜测量、采样、岩芯采取和保管、测井、封孔及水文地质试验与观测要求等。

②钻孔地质预想柱状图。一般采用 1：100 或 1：200 或 1：500 的比例尺，将全孔从开孔到终孔预计要见到的各岩层，按其层位顺序、伪厚度或深度用规定的符号、图例填绘出来构成设计柱状图。钻孔地质预想柱状图是钻孔地质指示书的重要组成部分，考虑设计钻孔位置及勘察阶段、掩盖程度等，其主要编制方法有以下两种：

a. 勘察线剖面定柱法。适用于设计在勘察线上的钻孔。根据设计钻孔在勘察线剖面上的位置，结合勘察线上已有地质资料，沿设计钻孔轴线直接截取表土层、含水层、隔水层及其他地层界线、地质现象的孔深点，并量出孔口标高和终孔深度，按一定比例尺和岩性图例绘制到空白的钻孔地质指示书上即可。

b. 开孔层位定柱法。适用于没有设计在勘察线上的钻孔。在构造简单的暴露和半暴露区，可根据设计钻孔附近实测地层剖面资料和该岩层倾角，沿设计钻孔轴线由上而下按开孔层位将钻孔预计要见到的各岩层，按其层位顺序、伪厚度或深度用规定的符号、图例填绘出来构成设计柱状图。

李村水文勘测孔地质指示书

施工钻机： 钻孔位置：

地层时代					柱状比例尺：	厚度/m	累计深度/m	岩石名称	钻孔及套管结构 口径/mm 深度/m	封孔止水材料深度/m	抽水段/m	设计要求
界	系	统	组	段								
新生界	第四系Q				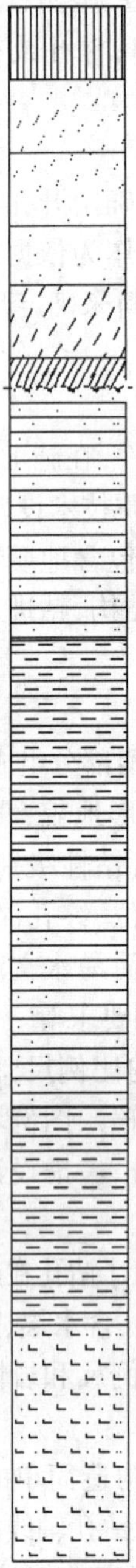	110.00	110.00	黄土、粉砂、中砂、粗砂、亚砂土、黏土	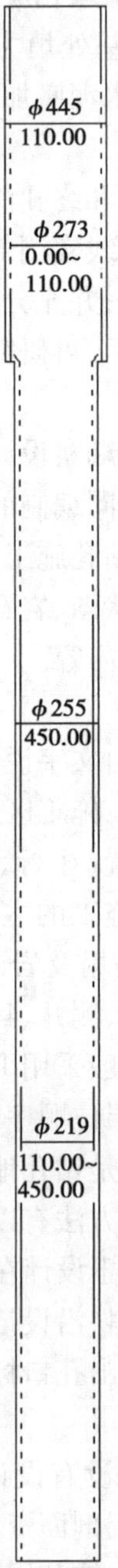 φ445 110.00 φ273 0.00~ 110.00			一、水文地质要求 1.该孔为水文勘测井。 2.取芯要求：全孔采用无芯钻进。 3.孔斜要求深度在100 m内斜度不大于1.5°。 4.在含水层中钻进时，正常情况下，必须采用清水钻进。 5.钻进中，应对水位、冲洗液消耗量、涌漏水位、孔壁坍塌、掉钻及水温异常的起止深度等，按需要进行观测和记录。 6.在下管前、终孔后，应进行水文地质数字及扩散测井，以了解地层分界位置、含水层位置、孔斜、井温等。 7.该井要求进行单孔稳定流抽水试验，试验前先洗井，并进行水位观测工作。 8.正式抽水结束前，要求取水样进行水质分析。 9.简易水文观测，孔斜、孔深误差，钻具丈量、抽水试验、测井量等，均按《供水水文地质勘察规范》及有关规定执行。 二、工程技术要求 1.设备安装必须牢固、周正，确保三点在一条垂线上。钻进过程中严格按钻探规程施工，防止孔斜，保证过滤器顺利下入和抽水，使设备正常工作。 2.如果要变更钻孔结构，必须经技术负责和项目经理批准方可进行。 3.认真执行钻探安全操作规程，防止三大事故发生。
古生界	二叠系P					340.00	150.00	砂岩、泥岩、底部为含砾中粗石英砂岩	φ255 450.00 φ219 110.00~ 450.00			

水文地质审核： 钻探工程审核： 水文地质设计： 工程设计：

图5.15 钻孔地质指示书示意图

2）钻探技术部分

钻探技术部分就是钻探施工设计,由探矿部门提出。水文地质钻探施工设计是根据项目的水文地质设计书或项目委托计划任务书或合同的要求,在现场踏勘的基础上,按照现有的生产定额、材料消耗定额、人员和设备配备与费用定额等资料编制的、指导钻孔施工的方案。根据需要与可能选用设备和选择最优施工方法与工艺,以确保工程质量和获取最佳的技术经济效益。具体内容是:

①钻探技术设计。包括钻孔结构、冲洗介质、成井工艺及保证质量与安全的技术措施,并附典型钻孔结构设计图。

②供水、供电设计。根据现场踏勘了解的当地水源条件,选择供水方法和设备。采用电力驱动时提出供电方法与要求。

③施工期限与费用预算。包括选择设备、编制施工进度计划、确定施工组织形式、钻孔施工工期要求;进行技术经济指标测算并编制费用预算等。

3）单孔设计的审批

根据地质项目管理权限上报审批,即局(或下达任务的主管单位)管地质项目的单孔施工设计,由施工单位审查后报上级审批;施工单位自管地质项目或承包工程项目的施工设计,由施工单位审批后报上级备案。

在钻探施工中,如发现设计与实际情况不符时,应及时进行修订或补充,部、局管项目凡工作量与经费数量变化较大的修订要报上级批准。

钻孔地质指示书审批合格后,可连同钻孔施工通知书(表5.11),一并交给施工的钻机负责人。

表5.11　钻孔施工通知书

钻机:

经研究决定,_____勘察区_____号孔由你们负责施工,该孔的各项技术要求见下表,

望做好施工准备工作,并制订施工计划和措施。

钻探负责人_____　　　　　　　　地质负责人_____

项目	具体要求	
地质目的	设计孔深/m	
	终孔层位	
取芯要求		
孔斜		
孔深误差		
简易水文		
其他		

填表人_____　　　　　　　　　　　　　　　_____年___月___日

（4）开孔验收

在钻场安装完成和单孔设计编制并审批合格后,由分队长、地质人员、钻探人员和钻机机长等组成验收小组,根据钻孔设计和有关规定进行检查验收,其内容包括:

①钻探机械安装质量。检查钻塔、基台、钻机、柴油和泥浆泵等安装是否合格和立轴是否垂直,特别要注意检查是否做到地基平、基台平、钻机平、立轴直("三平一直");天轮、立轴和孔口是否在一条垂线上("三点一线"),以防止开孔后发生孔斜。

②泥浆循环系统。泥浆槽的长度、坡度、挡板的安装是否符合标准,水泥箱、沉淀池规格是

否符合要求，泥浆泵运转质量和压力是否合格。

③施工用具。各种用具(钢尺、测绳、岩芯箱等)和各种原始记录表格(班报表、岩芯鉴定表、简易水文观测表、岩芯分次、分层标签等)是否齐全等。

(5)召开钻孔开工会

在开孔验收合格后,由地质鉴定员向钻机人员介绍钻孔的地质情况和质量要求,其内容包括:

①钻孔设计的目的和任务。着重指出本孔的地位和作用,是取芯或试验或观测或探采结合等。

②本孔将要穿过的基岩地层、含水层、隔水层、主要标志层等的层位和预计深度、厚度,以及终孔层位和终孔深度等。

③本孔可能遇到的各种情况。老窑、溶洞、漏水、掉块层段、断层带等。

④本孔施工中的有关钻探质量及技术要求,防止孔斜、判层、取芯、危险生产和事故等。

总之,要尽量从地质角度分析完成任务的有利因素和不利因素,提出措施和建议,做到"五交",即"一交目的、二交情况、三交要求、四交关键、五交措施"。

2. 钻进中的地质管理工作

钻进中的地质管理工作是指从开孔至钻孔达到设计终孔层位、停止钻进以前的一系列地质管理工作。它实质上是质量管理问题,会直接影响施工质量和地质资料的可靠程度。地质、钻探人员必须密切配合、认真负责地做好这项工作。

在具体讲述钻进中的地质管理工作之前,先对在钻孔钻进过程中涉及的几个基本术语进行解释:

回次 是指在钻孔施工中,从开始下钻并将钻具下入孔底进行钻进直至将钻具再次提出孔外的一个循环。

机上余尺(或上余、残尺、余尺) 是指钻机回转器某固定点至主动钻杆与水接头连接处的距离,也即钻机上固定位置至主动钻杆(一般是立轴)上端的长度。机上余尺是用于钻进作业时,测量进尺的基础数据。

进尺 是对钻进深度的度量(基本单位是"m",精确到"cm")。进尺是衡量钻探工作量的指标,用以表示工程的计划工作量和实际工作量或借此核算工程的单位成本。此外,还以钻头进尺(新钻头从开始钻进到磨损报废为止的总钻进深度)来评价钻头寿命。在实际工作中,按回次、班、日、月、年等进行统计,得到回次进尺、班进尺、日进尺、月进尺、年进尺等。在钻孔施工管理和编录中,常常用到"回次进尺、累计进尺"两个术语。"回次进尺"是指一个回次的钻进深度,回次进尺 = 本回次下钻后的残尺 - 本回次提钻前的残尺;"累计进尺"是指回次进尺以不同的时间状态节点累计得到的进尺,如班进尺是每一个工作小班回次进尺的累计值,日进尺是每日3个工作小班进尺的累计值等。

累计孔深(钻探记录孔深) 是指从孔口起算,每回次进尺的累计值,即本次累计孔深 = 上次累计孔深 + 本回次进尺。每钻进一个回次,就得到一个新的累计孔深。

钻具全长 是指钻孔内、外连接起来用于钻进的各种钻具长度的总和。

加尺 是指在钻进过程中,更换钻具后,钻具全长增加的长度。

减尺 是指在钻进过程中,更换钻具后,钻具全长减少的长度(应包含钻头磨损)。

采长 是指在钻进过程中采取的岩芯实际长度。正常情况下,采长小于或等于进尺;若采长大于进尺,则说明孔内有残留岩芯。

通常,在钻进过程中应做好的地质管理工作主要包括以下7个方面:

（1）开孔工作

钻孔开孔工作是指在开孔钻进时必须加强护孔和防斜措施，防止孔口坍塌和确保钻孔垂直。

①在易塌的表土层开孔时，可以用黏土投入孔内护壁，待钻穿过易塌表土层后，应下入孔口管，其底部和四周用黏土围填、捣实，不得有渗漏。

②回转钻进开孔。应采用短钻具和轻压慢转的方法钻进，遇松散层可用优质泥浆护孔，对水龙头和高压胶管要用绳牵引或用导向装置将其扶正，钻进过程中要用升降机将主动钻杆吊直，防止主动钻杆倾斜、摆动而造成孔斜。

③冲击钻进开孔。首先，将钻具吊起对位，找正钻孔中心，开挖孔口坑；其次，将钻具下放到孔口坑内，用短冲程、单冲次冲击钻进，放绳要准确、适量；最后，保持钻具垂直冲击钻进，防止钻具摆动伤人和导致孔斜。

④开孔钻进深度，一般应超过正常钻进所用粗径钻具长度后，才准改用正常的工艺钻进。

（2）钻探取芯与整理

钻孔一旦开始钻进，就会进行钻探取芯及岩芯整理工作。

1）钻探取芯

①提钻前，下卡料将岩芯卡紧。

②提钻时，操作要稳、速度要均匀、要慢提轻放、细致小心；注意判断岩芯有无下滑，防止岩芯中途滑落。

③提钻后，使岩芯管与地面成倾斜角度，并保持钻头离地面0.20～0.30 m。

④从岩芯管内敲取岩芯时，为防止岩芯紊乱，不准将岩芯管吊离地面过高且不得猛敲猛打；当岩芯从岩芯管中滑落后，应按上下顺序排列（不得颠倒）；用水清洗岩芯或清除杂质、剥掉泥皮等；及时填写回次标签（回次岩芯票，简称"次票"）（图5.16）。

⑤将岩芯首尾相接排列（不留明显缝隙），量取岩芯长度；计算回次进尺，并确定孔底残留情况等，一并填入次票和班报表内。

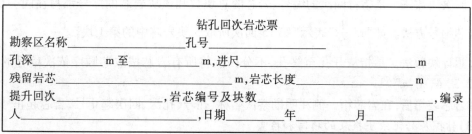

图5.16 钻孔回次岩芯票格式

2）岩芯整理

每一回次取出的岩芯必须及时整理，装入岩芯箱内（图5.17）。其要求如下：

①岩芯箱编号。每一个岩芯箱，在使用前，要在箱壁外面用红铅油写上钻孔编号、位置、机号、箱号，以及用箭头表示的岩芯装箱顺序。确保岩芯箱的编号顺序不乱且标志清楚。

②岩芯装箱。钻探记录员应将每回次取出的岩芯按上下顺序（由新到老）、从左至右装入岩芯箱内，即最后取出的岩芯先装，最早取出来的岩芯后装（从岩芯管靠钻头端先取出的岩芯相对较老）。每一回次最后一块岩芯的末端均应有岩芯次票。对于松软、粉状的岩芯不能用水冲洗时，应剥掉泥皮、清除杂物后，不分块整理，而用布袋装好标明孔号、起止深度，按顺序装入岩芯箱。没有取上岩芯的回次，也要填好岩芯次票，待岩芯分层后，须在两层岩芯中间，置以

岩芯分层票(图5.18)。对重要的岩芯须用牛皮纸包好后标明孔号、起止深度,交地质人员进行复查与保管。

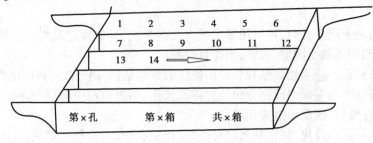

图5.17　岩芯箱

钻孔分层票

勘察区名称＿＿＿＿＿＿＿＿＿＿＿　孔号＿＿＿＿＿＿＿＿＿＿＿

层号＿＿＿＿＿＿＿＿＿＿＿　层位＿＿＿＿＿＿＿＿＿＿＿

岩石名称＿＿＿＿＿＿＿＿＿＿＿

起回次＿＿＿＿＿＿　岩芯长＿＿＿＿＿＿m　孔深＿＿＿＿＿＿m

止回次＿＿＿＿＿＿　岩芯长＿＿＿＿＿＿m　孔深＿＿＿＿＿＿m

编录＿＿＿＿＿＿　日期＿＿＿＿年＿＿＿＿月＿＿＿＿日

图5.18　钻孔岩芯分层票格式

装箱中,若分箱时岩芯是完整的,可在接近换层处(最好不在层面处断裂,因为岩面对研究地层构造有重要意义)将岩芯打断分箱。换层岩芯装箱时,须在两层岩芯之间放入岩芯分层票。

③岩芯编号。在岩芯装箱前或装箱后,凡长度大于50 mm和少数长度虽小于50 mm但仍完整的岩芯,都应用油漆或防水笔在岩芯上按统一的方法标明编号。岩芯编号的方法有回次块数法和累计块数法,最常用的是回次块数法。

a. 回次块数法。是指将回次的编号、岩芯的总块数和该块岩芯的序号都写在同一块岩芯上的岩芯编号方法。如"$15\frac{1}{5}$"表示"第15回次所取5块岩芯中的第1块"。

b. 累计块数法。是指从开孔至终孔,不分回次将所有岩芯按取芯顺序依次编号的方法。如"$1,2,3,4,\cdots,n$"。

④岩芯装箱后,在岩芯箱一侧注明勘察区名称、孔号、孔深、回次起止号、岩芯起止号等。

(3)钻探原始记录班报表的填写和检查

钻探原始记录班报表是钻探施工最基本的原始记录,是钻孔最基础的资料,必须认真填写和检查。班报表必须反映钻探施工生产技术活动的全过程,总台时的时间是连续的,即从安装开孔到完孔拆迁期间,不能出现时间的中断,不得任意涂改或追记,内容必须真实、准确、详细、齐全、整洁、清晰。钻探原始记录班报表的正确与否直接影响钻孔地质编录的可靠程度。

在钻进过程中,每个班次都要由钻机小班记录员填写一张钻探原始记录班报表,规定用钢笔填写。其内容有工作的起止时间、工作内容、回次编号、钻具全长、机上余尺、进尺、孔深、加尺、减尺、岩芯采长等。在实际工作中,各生产单位采用的班报表格式和内容不完全相同,表5.12、表5.13列出了两种班报表格式。

表5.12　勘察区ZK　　钻孔钻探原始记录班报表(参考式样一)

号钻机　　　　机高　　　m　　　　　年　　月　　日　　　　　第　　页

生产记录				钻进情况							变层岩石深度/m	判层人姓名	取芯情况			地质鉴定					钻探技术					泥浆质量			
作业时间		工作内容	钻具种类	加尺/m	减尺/m	钻具全长/m	增减尺/±量/m	上余/m	进尺/m	累计孔深/m			回次岩芯采长/m	残留岩芯/m	岩芯编号	岩石名称	分层深度/m	分层厚度/m	分层采长/m	校正孔深	钻头		压力/(kg·cm⁻³)	转数/(r·min⁻¹)	泵量/(L·min⁻¹)	比重	失水量	含砂量	黏度
时分	共用时间/min																				种类	规格							

| 接班时:钻具全长　　m;上余　　m;钻杆　　m;钻铤　　m;岩芯管　　m;岩芯　　m;钻头　　m;接头　　根;接班时孔深　　m;累计　　m |
| 交班时:钻具全长　　m;上余　　m;钻杆　　m;钻铤　　m;岩芯管　　m;岩芯　　m;钻头　　m;接头　　根;交班时孔深　　m;累计　　m |

小结	钻进方法	取芯		岩石名称	进尺/m	采长/m
		取芯				
		无芯				

机长　　　　　班长　　　　　记录员　　　　　小班记录员　　　　　岩芯鉴定员　　　　　班报表质量

105

表 5.13　钻探原始记录班报表（参考式样二）

项目名称＿＿＿＿　施工地点＿＿＿＿　钻机类型＿＿＿＿　开钻日期＿＿年＿月＿日＿班　完钻日期＿＿＿＿　第＿＿页

钻孔编号＿＿＿＿　钻机编号＿＿＿＿

作业台时		作业内容									钻具总长				岩石名称	岩芯钻进			岩芯记录					钻具				
起 止		纯钻进	下河砂	上下钻具	取芯	换钻具	冲扫孔	简易水文	日常维修	回次编号	加尺/m	减尺/m	孔内钻具/m	机上余尺/m		孔深 自/m	至/m	回次进尺/m	岩芯长度/m	岩芯残留/m	岩芯累计/m	岩芯编号	块数	名称	规格/mm	根数/根	长度/m	
																								钻头				
																								岩芯管				
																								岩芯管接头				
																								钻杆				
																								套管				
																								过滤器				
																								合计				

接班孔深/m＿＿＿＿　本班进尺/m＿＿＿＿　交班孔深/m＿＿＿＿

出勤人员

姓名	职别	级别

机长＿＿＿＿　　班长＿＿＿＿　　记录员＿＿＿＿

为了保证班报表记录的正确,地质人员有责任督促检查并协助小班记录员做好这项工作。地质人员要对已填写的班报表进行认真检查,着重核实与钻孔原始地质编录有关的记录内容,如钻具全长、回次进尺、累计孔深、岩芯整理和编号、岩芯采长等,发现问题应及时纠正。具体检查内容见表5.14。

表5.14　钻探原始记录班报表检查的主要项目和内容

检查项目	检查内容
钻具全长	在每一个回次开始时,如有加尺、减尺或其他钻具发生增减变化,钻具全长按下式计算:钻具全长 = 累计孔深 + 机上余尺 + 机高。对于每一个施工的钻孔或每一个确定的钻机,机高都是一个常数
回次进尺	回次进尺按下式计算:回次进尺 = 上次余尺 + 加尺 - 本次余尺 - 本次减尺
累计孔深	累计孔深按下式计算:累计孔深 = 上次累计孔深 + 本次进尺　或　累计孔深 = 本回次钻进结束后的钻具全长 - 本次余尺 - 机高
岩芯整理和编号	注意岩芯的放置和记录是否有颠倒的现象,岩芯有无错号、跳号、重号的现象
岩芯采长	亲自丈量岩芯长度,并核实钻探记录是否有错,特别要注意检查残留岩芯的确定是否正确可靠

(4)钻孔简易水文地质观测

钻孔简易水文地质观测是对钻孔钻进过程中水文地质现象如钻孔中水位的变化、冲洗液的消耗和漏失情况、严重掉块、溶洞、老巷、大裂隙、钻具突然下降、水温异常、孔壁坍塌、涌砂及逸气等的观测和记录。钻孔简易水文地质观测是水文地质钻探钻进中的一项重要工作。通过这项工作,可发现含水层和初步确定含水层的富水性能,必须予以足够的重视。简易水文观测由小班记录员负责,如发生自流或严重漏水现象时,地质人员(或专门水文地质人员)应到现场帮助小班记录员做好观测和记录工作。

(5)岩芯的采取

岩芯是研究地层、构造、岩性、水文地质条件的基本依据,也是评价钻探工程质量的重要指标。衡量岩芯采取质量的好坏主要取决于岩芯采取率及岩芯采取的完整程度。

一般情况下,基岩的全孔岩芯平均采取率不低于60%。对不同的勘察阶段、不同的地质情况、不同的生产建设需要等,对岩芯的采取有以下要求:

①在初勘阶段,必须保证有较好的岩芯采取率,以建立完整的地质剖面。

②对主导勘察线上的钻孔,必须保证较高的岩芯采取率,以获得完整的地质构造剖面。

③在构造复杂、地层对比困难的地区,需要有较高的岩芯采取率。

④对于专门的构造孔、水文孔、井筒检查孔,必须根据钻孔设计的要求,保证岩芯的采取率。

⑤在地质构造简单、地层稳定地区或不需要取芯的地层,在勘探阶段可布置无芯钻孔。

(6)预防钻孔偏斜

钻孔偏斜(也称钻孔弯曲,简称"孔斜")是指在钻进过程中,钻孔已经钻成的孔段轴心线与原设计轴心线发生了偏差的现象。

钻孔轴心线上任意一点(P)的空间位置,决定于该点的深度、天顶角(或倾角)和方位角3个要素(图5.19)。天顶角(γ,简称"顶角")是钻孔轴心线与铅垂线的夹角,倾角(σ)是钻孔轴心线与水平面的夹角,σ 和 γ 互为余角:$\gamma + \sigma = 90°$;方位角(β)是钻孔倾角平面与定向方位

（正北方向）平面的夹角或是钻孔轴心线在水平面上的投影线与正北方向的夹角。

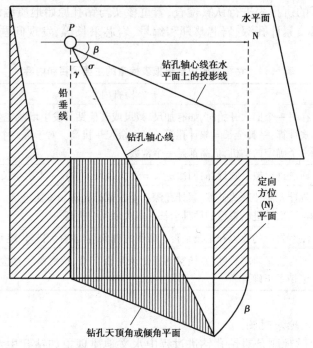

图 5.19 钻孔偏斜示意图

孔斜有 3 种情况：天顶角歪斜、方位角不歪斜（钻孔轴心线未偏离勘察线剖面）；天顶角不歪斜、方位角歪斜（钻孔轴心线偏离了勘察线剖面，但天顶角未变）；天顶角和方位角均歪斜（钻孔轴心线偏离了勘察线剖面，天顶角也发生了变化）。在实际工作中，一旦发生孔斜，常常是天顶角和方位角均歪斜。

1）孔斜的原因

①地质方面的原因。遇溶洞、断层破碎带、流沙层、松散易坍塌岩层、卵石层等，因孔径扩大，钻具不易控制钻进方向，从而产生无规律孔斜（图 5.20）；软、硬岩层交替时，若岩层倾角较大，由于层面上可钻性不均，使钻头的钻进方向发生改变而发生孔斜（图 5.21）。

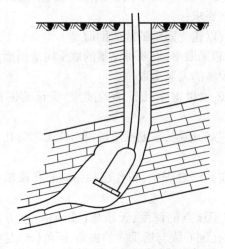

图 5.20 遇溶洞发生无规律孔斜示意图

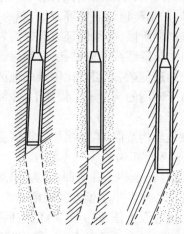

图 5.21 软、硬岩层交替发生孔斜示意图

②钻探设备方面的原因。钻塔、钻机安装质量不高;钻具的垂直性和粗径钻具的导向性差;钻头或其他钻具使用不当等。

③操作技术方面的原因。钻机转速选用不当;孔底压力控制不当;地质人员的操作不当等。

2)孔斜的危害

①影响钻进效率。孔斜后,一方面钻具不能快速回转,也不能加压钻进,升降钻具也困难,减少了纯钻进时间;另一方面增加了无效进尺。

②增加钻孔事故。孔斜后,断钻、埋钻事故增加。因为孔斜后,一部分压力施加于钻具上迫使其发生弯曲(断钻);另一部分压力作用于偏斜的孔壁,易使孔壁垮塌(埋钻)。

③加大设备的磨损。孔斜增加了钻具的磨损,缩短了钻具的使用寿命。

④影响抽水设备的正常运转,严重时会使各种井管和抽水设备无法顺利地下入孔中。

⑤影响地质资料的可靠性。孔斜改变了原设计见层深度、岩层产状及工程密度等,还可造成钻孔达不到设计的目的。

⑥测井困难。孔斜后,孔壁易垮塌、掉块、测井仪器和电缆入井困难。同时,易发生埋仪器和电缆的事故。

3)预防钻孔弯曲的措施

地质人员应将钻孔的地质情况,如岩性、软硬互层、断层破碎带特征等,经常向钻机人员交底,使钻机人员能够根据孔内地质条件的变化在钻探工艺上采取相应措施,减少和避免孔斜。具体措施是:

①安装及机械维护人员应使钻探设备的安装合格,钻塔、钻机安装要周正、水平、稳固,保证天车、回转器、钻孔中心"三点一线"。

②根据地质条件选择正常的钻进方法,确定不同岩层的钻进技术参数,在条件相同时,各项钻进技术参数应一致。钻机人员应加强判层,掌握孔底情况,合理调节孔底压力、转速、水量,合理选用钻头和控制钻程,要求三班的操作标准一致。

③根据钻孔结构合理选择钻具结构。三牙轮钻头钻进要采用钻铤加压;用筒状钻具钻进要选择长、直筒状钻具。

④钻进软硬互层的易孔斜地层、卵石层及破碎带地层,要求钻进均匀,采取轻压慢转,同时,要适当控制泵量。

⑤回转器或转盘旷动和部件严重磨损的钻机不得使用,液压钻机的锁紧机构在钻进中不得松动。不符合技术标准的钻机及钻具应及时更换,绝不允许凑合使用。

⑥进行中间测斜。为了解钻孔在施工过程中的孔斜情况,钻机人员应每隔一段距离用氢氟酸进行简易测斜。氢氟酸测斜时,所用玻璃管的厚度为 3 mm,直径为 27～30 mm,长度为200～250 mm,且不应有气泡和条痕,并在使用前将油污洗净。测斜时上下钻操作要稳、动作要快、停放时间要充足。停放时间应根据孔深和氢氟酸的浓度确定。如钻过松散层、换径、扩孔等位置时,要求测斜;正常地质条件下,每钻进 50～100 m 要进行测斜;地质条件复杂时,每钻进 30～50 m 进行测斜。

4)对孔斜的要求

在现有钻探技术的条件下,钻孔在一定深度内产生一定的孔斜是难免的。但如果孔斜过大,不但设备的磨损增加,孔内事故也将增多,而且还影响孔内管材和抽水设备的安装及正常运转,特别是当孔斜过大且又采用深井泵抽水时,还可能造成立轴和进水管折断等。因此,对孔斜必须有一定的要求。

水文地质普查、勘探孔,每钻进100 m或换径、终孔时,应测量顶角弯曲度。探采结合孔和供水井,每钻进50 m、换径、终孔或扩孔结束,应测量顶角弯曲度。钻孔顶角允许弯曲度,每100 m不得超过2°,并按照孔深递增计算。采用深井水泵抽水的供水井,下入泵管段每100 m不得大于1.5°。使用风压机等抽水时,孔深在100 m以内时,孔斜不得大于1°;当孔深为100～300 m时,孔斜不得大于3°;当孔深大于300 m时,孔斜不得大于5°。

按《机井技术规范》(SL 256—2000)3.3.2条的规定:井孔必须保证井管的安装,井管必须保证抽水设备的正常工作。泵段以上顶角倾斜的要求是安装长轴深井泵时不得超过1°,安装潜水电泵时不得超过2°;泵段以下每100 m顶角倾斜不得超过2°,方位角不能突变。

(7)丈量钻具全长与孔深误差处理

丈量钻具全长的目的在于保证孔深测量的准确性。钻孔深度的正确与否,直接影响钻孔地质编录时分层深度的正确与否,进而影响到其他综合图件的正确性。由此可知,丈量钻具全长与地质报告的质量有一定的关系。因此,在钻进过程中应认真丈量钻具全长和检查孔深,当发现记录孔深(累计孔深)与丈量钻具后所确定的实测孔深间存在误差时,应予以平差。

1)丈量钻具全长

丈量钻具全长一般是在下钻时将钻具悬空,用钢尺逐立根丈量。塔上一人(称上尺)持钢尺零端,塔下一人(称下尺)持钢尺的下端读数,小班记录员或地质人员负责记录。上尺、下尺和记录3人要配合好,丈量时拉紧钢尺,丈量长度不包括接头或丝扣的长度。记录时要准确无误。所有钻头、岩芯管、钻铤、钻杆机上钻杆的长度加在一起即是钻具全长(图5.22)。丈量后的钻具全长和实测孔深按下式计算为:

$$实测钻具全长 = 钻头长 + 岩芯管长 + 钻铤长 + 钻杆全长 + 立轴长 \tag{5.1}$$

$$实测孔深 = 实测钻具全长 - 机高 - 残尺 - 钻头磨损 \tag{5.2}$$

对丈量钻具全长的一般要求是:见基岩时丈量;每钻进100 m丈量;换径、下管前丈量;遇特殊情况(见断层或孔内发生事故等)时,可据需要丈量;终孔时丈量。丈量时均用钢卷尺测量。

2)孔深误差处理

孔深误差即实测孔深与钻探记录孔深(累计孔深)之差,即

$$孔深误差 = 实测孔深 - 钻探记录孔深 \tag{5.3}$$

误差值为"＋"值时,说明实测孔深 > 记录孔深;误差值为"－"值时,说明实测孔深 < 记录孔深。

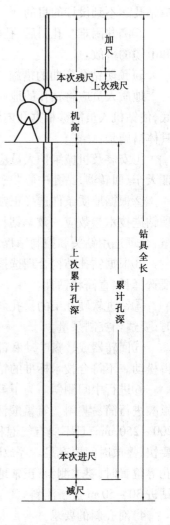

图5.22　钻具全长、累计孔深、回次进尺、加尺、减尺关系示意图

①孔深误差产生的原因

a. 钻进过程中加尺、减尺时的误差。量尺不准、记录不准、计算错误或由于工作疏忽,加尺时拿错了已量好的钻杆等都会产生孔深误差。

b. 使用不同尺子丈量产生的误差。在平时钻进加尺时用精度不高的木杆尺或折尺丈量钻具,而在规定的深度丈量钻具全长时又用较精确的钢尺丈量,由于量具的精度不同产生孔深误差。

c. 更换钻具时产生的误差。增加钻具或更换钻具时,由于丝扣上不紧,入孔后机械扭力很大,使丝扣逐渐上紧,也会产生孔深误差。例如,一个 1 000 m 深的钻孔,钻具丝扣连接点可达 600 m 处左右,如果每个点产生 1 mm 的误差,累计误差可达 0.6 m 左右。

d. 其他原因。钻具折断或弯曲、长度量取不准产生误差;量尺刻度不清、估计读数;机上余尺量取不准或钻头磨损的减尺未扣除,也会造成某一回次的孔深误差,但这种误差会在下一个回次中自行消除。

②孔深误差的处理方法

丈量钻具全长后发现的孔深误差实际是上次丈量全长后继续钻进的新孔段内所产生的误差。在这一孔段内所划分的岩层分界深度及岩层的钻探厚度,是以本次丈量全长前的孔深为基础确定的,孔深误差必然会反映到岩层的分层深度及伪厚中,需进行平差。根据《水文地质钻探规程》(DZ/T 0148—1994)的规定,误差应小于 2‰,超差者应以校正测量数据为准更正。在实际工作中,当误差小于 2‰ 时,可直接从记录深度中将差值消除;当误差大于 2‰ 时,应合理平差,将误差分摊给可能产生误差的岩层中。

平差的实质是按比例分配孔深误差。它是根据产生误差的孔段长度内各岩层的厚度,分别按比例将误差值进行加权分配。即岩层厚度越大(权重大),分配的误差值越大;岩层厚度越小(权重小),分配的误差值也越小。其计算公式为

$$x = M + \frac{\Delta h \times M}{M_2 - M_1 - H} \tag{5.4}$$

式中　x——平差后的岩层分层厚度(钻探厚度);

M——平差前的岩层分层厚度(钻探厚度);

Δh——孔深误差;

M_1——上次实测孔深;

M_2——本次记录深度(累计孔深);

H——不参加本次平差的岩层厚度总和,是指在产生孔深误差的孔段内,分层厚度可靠、不需要进行层厚改正的各岩层厚度之和(如分层岩芯采取率是 100% 或有准确判层深度而定厚的岩层或为较薄的参与平差意义不大的岩层)。

出现孔深误差以后,理应将产生误差这一孔段内各回次的孔深依据其回次进尺数按比例将孔深误差值予以分配,计算出修改后的各回次孔深。用这种办法修改钻机的原始记录是难以做到的,主要是计算烦琐,给小班记录工作带来困难,更重要的是需要在原始记录上涂改每一个回次的累计孔深,将会把钻探原始记录搞得脏乱。为解决这一孔深误差的钻探平差问题,现场多采用最简单的办法,即将孔深误差值在产生误差孔段的最后一个回次一次消除。误差较大时,可在最后几个回次分摊消除。

3. 终孔后的地质管理工作

终孔后的地质管理工作是指钻探达到设计终孔层位、停止钻进以后的一系列地质管理工

作。包括以下 6 个方面：

（1）终孔工作

1）下达终孔通知书

当钻孔达到终孔层位以后，再钻进 5~6 m，达到测井下缆孔深（测井电缆长约 3.0 m）的需要后，便可停钻。由分队长和大班记录员共同研究后下达终孔停钻通知书（表 5.15）。

表 5.15　钻孔终孔停钻及封闭通知书

_____钻机： 　　你钻机所施工的_____区_____钻孔，现已探至_____层位，达到预期设计目的，可以停钻。请按封孔设计进行封孔。特此通知。 　　岩芯鉴定员_____ 　　地质负责人_____ 　　钻探负责人_____ 　　_____年_____月_____日	钻孔封闭设计书				
	层位	封闭深度/m		柱状	封闭材料	封闭方法及质量要求
		起	止			

注：为方便钻机使用，一般都将钻孔终孔停钻通知书和封闭设计书合二为一。

2）丈量钻具全长和水文观测

停钻后立即量钻具全长，以校正孔深。同时，应根据停钻时间的长短，进行稳定水位的观测。

3）绘制简易钻孔柱状图

绘制简易钻孔柱状图是为测井提供钻孔基本情况。一般根据钻孔深度，按 1:100~1:500 的比例尺，将孔内所有中粗粒砂岩、灰岩、岩浆岩、含水层和垮塌掉块层段，以及涌（漏）水层段、流沙层、孔斜和事故点等的层位、深度，标注在柱状图上，并指出有疑问的地方，供测井解释时参考并防止发生测井事故。

（2）测井工作

测井是验证钻探成果的重要手段，地质技术员要配合测井人员作好测井解释，包括定性和定量解释，并与钻探成果对比，找出存在的问题，共同研究后作恰当的结论。

（3）终孔验收

终孔验收是由分队长、机长、技术人员组成验收小组，按《水文地质钻探规程》（DZ/T 0148—1994）14.3"工程质量验收及评定"中的工程质量验收标准，评出钻孔综合质量等级，填写钻孔质量验收报告书，对钻探、测井、水文等原始资料逐项进行审查和验收，并对工程质量和地质成果进行综合评价，确定该钻孔地质、水文地质资料利用的可靠程度。对验收不合格的项目，应及时补救，否则不能封孔。

（4）封孔

终孔验收合格后，水文地质钻孔在取得完整的水文地质资料后，若不留作开采孔或观测孔时，起拔井管之后，一般应进行封孔。封孔的目的是隔断地表水与地下水及各含水层之间的水力联系。一般由地质人员监督钻机人员按封孔设计的要求进行封孔，地质人员在编制钻孔封闭设计时，必须计算出封孔材料的数量，以便供应材料部门及时将封孔材料运至钻场。

根据钻孔水文地质条件和封孔材料，可以划分封孔的种类（表5.16）。

表5.16 封孔的种类

依 据	种 类	说 明	备注
水文地质条件	不封闭钻孔	观测孔、长期水文监测孔、利用地下水的开采孔等	
	封闭孔口钻孔	孔内未见含水层和含水构造等	
	严格封闭钻孔	孔内见主要含水层、含水构造、第四纪松散层、天然气层、含油层等	
封孔材料	稠泥浆封孔	利用价值不大、未见含水层的钻孔	
	黏土封孔	见含水层，但承压水不大的钻孔	
	水泥砂浆封孔	见含水层且水文地质条件复杂的钻孔	最常用

不需留作长期观测的钻孔，应按钻孔任务书要求在竣工后及时进行封孔工作。对下列情况应用优质黏土回填捣实：

①有咸、淡水或水质不同的潜水、承压水钻孔。

②穿过工业矿体及在开采矿区内施工的钻孔。

③位于江、河、湖、海防护堤附近的钻孔，位于重要建筑物地基附近的钻孔。

④对土地耕作及道路安全有影响的钻孔。

⑤非探采结合的承压自流水孔、热水孔、矿泉水孔。

必要时，用水泥浆进行封孔。常用的水泥浆封孔方法有以下两种：

①泵入法。首先将灌浆塞下入孔内一定深度，然后用泥浆泵注入水泥浆，待孔内水泥浆排出孔口为止，最后将灌浆塞堵死，向孔内压入水泥浆。其具体要求应由水文地质人员根据岩性情况，在钻孔任务书中明确要求。

②导管注入法。用51~76 mm水管或73 mm套管为导管，由下而上逐段灌注水泥浆进行封孔。将导管先下到离孔底约0.5 m处，再将水泥浆通过51~76 mm水管注入孔底，封一段向上提一段导管，直到孔口为止。

对不需要继续观测的高承压含水层进行封闭时，可选一段干燥、膨胀性大、无裂隙的直圆木，外径制成与计划堵塞处的孔径略同，用钻杆压着送到预定止水的顶板位置，用立轴夹住钻杆停留一段时间，待圆木膨胀，即可把承压水堵住。承压水头高的，圆木要长些。堵住后，在圆木上部一段再用黏土球填实，而后注入水泥浆，全孔封闭。

封孔后，要进行封孔取样，目的是检查是否封至设计深度和质量情况。一般用砂浆取样器下入孔内至封闭段砂浆顶界面，提捞砂浆样检查。要在孔口设标，包括说明标和暗标，当孔位为非耕地、无地面物影响时，自孔口向下封闭1.2 m，设明标；当孔位为耕地、有地面物影响时，自孔口以下0.5 m向下封1~2 m，设暗标。在水泥浆凝固以前，在浆液面上应写出勘察区名称、孔号、坐标、孔深、开竣工日期等。

在封孔完毕后,应填写封孔报告书(表5.17)。

表5.17　钻孔封闭报告书(参考式样)

_____勘察区_____号钻孔封闭报告书

钻孔深度_____m　停钻日期_____年____月____日　封孔日期_____年____月____日起

终孔层位_____　　　　　　　　　　　　　　　　　_____年____月____日止

日期		班次	深度/m	钻孔结构	钻孔柱状	封孔柱状	水泥/kg	砂子/kg	清水/kg	配制比	送入方法	补加系数/%	气压/MPa	漏水层位	止水方法	简要说明	记录员	班长
月	日																	

验收结论		验收人_____ 钻探负责人_____ 钻机负责人_____
附注	下列情况必须详细记录:封闭前所用的冲洗液种类及最后结果;所用水泥标号及砂子规格;下入孔内的木塞牢固程度;用泥浆泵加压情况;钻杆在孔内的深度及送入的砂浆量;封闭过程中所发生的问题;孔口标志等	

(5)岩芯缩选和入库

岩芯是地质资料的实物依据,是水文地质钻探工作的重要成果,应很好地进行整理和保管,以免发生重要岩芯的混乱、散失而影响勘察成果的质量。

通常,钻孔验收后,对岩芯以箱为单位进行数码照相。钻孔的岩芯可根据具体情况保留、缩选或废除。当一个地区的钻孔数目比较多的时候,重点钻孔(控制性钻孔或具有区域代表性钻孔)、标志层和断层带的岩芯必须保留;一般的钻孔可以按分层缩取代表性岩芯,放在带有方格的木制岩芯箱内,每一方格内放置一张岩芯层票,说明是按规定缩减样或者是标本样,需长期保存,缩选的岩芯在岩性、岩相和层位上要有代表性,长度大于10 cm;废除的钻孔岩芯,可以就地处理掩埋,地面上要保留埋弃岩芯的标志。

将保留、缩选的岩芯以箱为单位送至岩芯仓库,移交仓库人员保管;保管岩芯必须保持清洁整齐,包装坚固,顺序一致;除有关人员外,不能随意翻动。勘察工作结束以后,移交给设计、生产部门。

(6)钻孔资料整理归档

钻孔施工结束后,积累、收集了大量钻孔原始资料,主要包括:钻孔设计书、钻孔原始记录表、岩芯鉴定表、简易水文观测记录表、采样方案和取样记录及分析结果表、终孔通知书及封孔设计书、测井曲线及解译资料、封孔报告书、钻孔质量验收报告书、钻孔柱状图等,这些资料应按水文地质钻孔技术档案要求认真填写与归档。钻探班报表、钻孔各项原始记录及技术档案,用钢笔填写,不得任意涂改或追记,做到及时、真实、准确、整洁、齐全。

地质技术员应对所有的钻孔原始资料要及时归纳和整理,经工区地质负责人检查确认完整无误后,分门别类装订成册并装入钻孔原始资料档案袋存档;电子资料、影像资料等最好刻录光盘保存。这些是勘察工作获得的最珍贵的第一手资料,是宝贵的勘察成果,也是勘察报告编制的基础资料。

(二)钻探工程的原始地质编录

钻探工程的原始地质编录是对钻孔中取出的岩芯、岩粉等实物资料,各种测量数据、测井资料,以及钻孔中各种地质现象等进行观察、记录和整理的过程。它是一项非常重要的工作,因为钻探工作成果是通过对钻孔的原始地质编录反映出来的。钻探工程揭露的范围很有限("一孔之见"),使得钻孔资料不如天然露头和坑探工程所揭露的地质资料那样完整和全面,也不能对钻孔进行直接观察,再加上钻探磨损使岩芯采取不完整,给钻孔的原始地质编录造成一定的困难。为了搞好钻孔的原始地质编录,必须对钻孔所获得的各种资料力求详尽地进行观察、描述和记录,认真分析研究,去粗取精、去伪存真,使原始地质编录的结果尽量符合地质客观实际。

通常,钻孔的原始地质编录是以钻孔为单位随钻孔施工进度在钻探施工现场及时、准确、完整、如实地进行编录,可采用手工或掌上电子计算机以各种表格和图件的形式记录、整理原始地质资料,对每一个钻孔都应进行完整的编录。编录人员应熟悉勘察区的基本地质特征,包括地层及其岩性特征、水文地质单元划分、构造分布及特征等;熟练掌握原始编录的有关规定、程序、要求、方法等。在编录前,编录人员应详细检查钻探班报表、钻孔简易水文观测记录表、孔深校正及弯曲度测量记录表等表格中记录的回次进尺、井深、有关水文观测数据等是否齐全、准确;在施工现场,将岩芯箱依井深顺序排列,仔细检查岩芯长度及编号是否正确、岩芯摆放有无拉长现象;发现岩芯顺序有颠倒的,应予以调整;发现破碎的岩芯有人为拉长现象时,应恢复到正常长度后重新丈量,并通知钻机当班记录员更正班报表;还应将检查后的每箱岩芯依次用数码相机拍照存档。进行钻孔的原始地质编录时要对以下内容进行了解和说明:钻孔的用途(地质孔、抽水试验孔、开采孔、长期观测孔等)、地理位置、地质与地貌位置、坐标及孔口地面高程;钻进情况,包括施工单位、施工起止时间、使用钻机种类、钻头种类、钻探工艺、取样方法、取样深度与编号等;钻孔结构,包括钻孔深度、钻孔直径(开孔直径、终孔直径及各部位直径)、钻孔斜度、下套管位置、套管种类与规格、井管材料种类与规格、过滤器位置、填砾规格、管外封闭位置、封闭材料及钻孔回填情况等;地层基本情况,包括地层名称、地质时代等。

实地进行钻孔原始地质编录工作时,具体编录内容和方法包括以下 10 个方面:

1. 记录回次数据

由开孔起直至终孔,依次将"钻探原始记录班报表"或"回次岩芯票"中每一个回次的编号、起止孔深、岩芯块数、岩芯长度、残留岩芯、进尺、采取率及主要钻进工艺、水文地质现象等,记录在"钻孔回次记录表"(表 5.18)的相应栏目内。

表 5.18　钻孔回次记录表

勘察区名称＿＿＿＿＿＿＿　　　　钻孔编号＿＿＿＿＿＿＿　　　　　　　第＿＿＿页

回次编号	下界记录孔深	岩芯					孔深校正量	下界校正孔深	备注
		块数	长度	上次残留	处理后岩芯长	回次采取率/%			

注:长度单位,m。　　　记录人＿＿＿＿＿　　　日期＿＿＿＿＿　　　检查人＿＿＿＿＿　　　日期＿＿＿＿＿

2. 残留岩芯的判断

残留岩芯是指提钻后残留于孔底未取出的岩芯。它可分为上残留岩芯(上残芯)和下残留岩芯(下残芯),上残留岩芯即上回次钻进的残留岩芯;下残留岩芯即本回次钻进的残留岩芯。

残留岩芯是计算岩芯采取率和确定换层孔深的重要依据,要准确地确定残留岩芯的长度往往比较困难。有无残留岩芯,可根据以下标志进行判断:

(1)无残留岩芯的标志

①若上回次无残留岩芯,本回次采取长度与进尺数基本相等。

②提钻后,岩芯底部凸出钻头之外,且岩芯底部的直径稍大于钻头内径。

③提钻后,岩芯底面与钻头底面平齐,岩芯底面无磨损,岩芯在岩芯管中卡得较紧。

(2)有残留岩芯的标志和处理方法

1)有残留岩芯的标志

①岩芯采长与回次进尺相差大。

②提钻后,如岩芯管下端有无芯空段,且岩芯管上部岩芯卡得紧,一般该空段长度等于残留岩芯长度。

③下钻时,钻具下不到孔底,则所差深度(可从上余量得)即为残留岩芯长度。

2)残留岩芯的处理方法

一般来说,有无残芯主要靠钻探施工人员记录于报表中,编录人员根据记录的情况作处理,如果没有记录则可当无残芯对待。有残留岩芯时,其长度一般以钻探施工人员测量为准。当未进行残留岩芯的判断和测量或残留岩芯测量不准,使回次岩芯长度大于回次进尺时,残留岩芯可按以下办法由编录人员进行处理。

若回次岩芯采取率超过100%,即岩芯总长大于回次进尺时,一般皆为残留岩芯所引起。其处理方法是:在岩芯完整时,以本回次岩芯采取率为100%计算,将超出部分推到上回次计算,如继续超出可继续上推,最多只能上推3个回次。具体做法是:回次进尺数不变,修改回次岩芯采长数字,将回次岩芯采取率超过100%的部分(即回次岩芯采长比回次进尺多出的部分),依次往上一回次推;若上一回次的回次岩芯采长由于加上推上来的岩芯长也比回次进尺数大,即回次岩芯采取率又超过100%,继续往上推,一般只能往上推3个回次;如果回次岩芯采取率仍大于100%,则通知机长或当班班长查明原因并作详细记录。

例:如图5.23所示。

第9回次进尺4.0 m、岩芯长4.9 m,大于该回次进尺0.9 m的岩芯作为残留向上推到第8回次(第9回次采取率现为100%)。

第8回次原进尺4.5 m、岩芯长4.2 m,采取率为93%,现加上第9回次上推的0.9 m残留岩芯,则岩芯长为:4.2 m+0.9 m=5.1 m,超过进尺0.6 m继续上推至第7回次,则第8回次采取率现为100%(该回次原采取率93%应更正为100%)。

第7回次原进尺4.0 m、岩芯长2.9 m、采取率73%,现加上第8回次上推的0.6 m残留岩芯,则岩芯长为:2.9 m+0.6 m+3.5 m,采取率为88%,岩芯长度小于进尺,无残留上推,至此,第9回次残留岩芯处理完毕(第7回次原采取率73%,应更正为88%)。

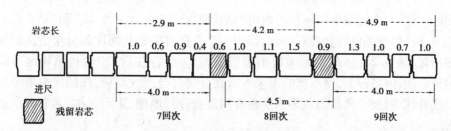

图 5.23　残留岩芯处理示意图

如果岩芯破碎为砂状、粉状和不在同一岩性中钻进而用反循环采芯工具采取的岩芯,一般不准上推。

3. 岩芯的分层、鉴定和描述

（1）岩芯分层

编录时,按地层单位、岩石组成、岩层厚度、含水层、隔水层和分层精度的要求等或勘察区已经制订的分层标准,尽可能对较长孔段的岩芯进行综合观察、分析后进行分层;对松散层、标志层或其他重要岩层、特殊成分和成因的夹层、孔内坍塌和涌（漏）水层段、断层破碎带和裂隙密集发育段等,不论厚度多少,均应单独分层。分层的正确与否,直接影响到钻孔原始地质编录成果的精度,要求地质编录人员高度重视岩芯分层工作,力争做到准确无误。

（2）填岩芯分层票

岩芯分层后,按"钻孔岩芯分层票格式"填写分层票,在每一个分层结束处放入一张分层票（图 5.24）。如遇分层界线刚好在某一段完整的岩芯中时,则用钉锤或劈样机自分层处将岩芯劈开后放入分层票。

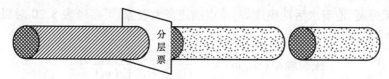

图 5.24　岩芯分层票放置示意图

（3）记录分层数据

将分层后测量和计算得到的分层数据填写在"钻孔原始地质记录表"（表 5.19）中。分层数据应对应表中左侧的回次位置填写。如在第 7 回次中分层,则对应于第 7 回次横格中填写本分层的岩芯采长。表中的"回次岩芯长"是本分层在回次内属于该分层的岩芯长度,包括回次换层岩芯采长（换层上部采长、换层下部采长）和回次中的分层采长。

表 5.19　钻孔原始地质记录表

勘察区＿＿＿＿＿＿＿＿　　　工程编号＿＿＿＿＿＿＿＿　　　第＿＿＿＿页

| 层号 | 起 | | 止 | | 分层采取率/% | 分层进尺 | 换层孔深 | 轴夹角 | 分层真厚度 | 岩石名称 | 花纹代码 | 地质描述 | 备注 |
	回次号	岩芯长	回次号	岩芯长									

注:长度单位,m;角度单位,°。记录人＿＿＿＿＿＿＿＿　日期＿＿＿＿＿＿＿＿　检查人＿＿＿＿＿＿＿＿　日期＿＿＿＿＿＿＿＿

在实际工作中,大多数生产单位习惯将"钻孔回次记录表"(表5.18)和"钻孔原始地质记录表"(表5.19)的有关内容合并在一起,即用一个表把有关钻孔回次和分层的原始编录内容全部体现出来(表5.21,钻孔原始地质编录记录表)。但合并后的"钻孔原始地质编录记录表"应编制合理、内容齐全,使不同的编录人员在分层时与回次对应,按回次采取率计算分层厚度及换层孔深等,便于质量与监理人员检查和复查分层厚度、岩石名称、岩芯分层描述等的质量情况。

(4)岩芯地质描述

岩芯的观察、鉴定及地质描述是一项重要的基础地质工作,它直接关系勘察成果质量的高低,因此,必须认真做好这项工作。负责岩芯编录的地质人员每天都应到现场,及时进行岩芯的观察、鉴定与地质描述。

1)基岩岩芯观察和描述

水文地质勘察中对基岩岩芯观察和描述的内容,除了按岩石学的要求描述岩石的颜色、矿物成分、结构、构造、成因等一般特征以外,还应着重观察和描述与岩石水文地质特征有密切关系的4个方面:

①岩石的风化情况。根据岩芯的风化强弱区分岩石的风化程度,进而划分岩石的风化带。通常,考虑岩石的风化程度和深度及其他特征,从地表向下将岩石分为全风化带、强风化带、弱风化带和微风化带4个风化带。岩石风化后,结构被破坏,使得岩石易碎甚至成土状,进而使岩石的孔隙度、含水性、透水性等空隙特征及水理性质发生变化,对地下水的赋存、分布等会造成直接的影响。

②裂隙的发育情况。详细观察记录岩芯中裂隙的宽度、充填物成分、充填程度、裂隙面的粗糙程度、有无擦痕、地下水活动痕迹等,重点描述宽大裂隙,可参考表5.20对裂隙分级等,统计线裂隙率为

$$线裂隙率(条/m) = \frac{该段岩芯裂隙条数(条)}{该段岩芯长(m)} \qquad (5.5)$$

注意避免破裂岩芯的重复统计。

表5.20 裂隙分级

按裂隙间距分级				
分级	I	II	III	IV
间距/m	>2	2~0.5	0.5~0.1	<0.1
描述	不发育	较发育	发育	极发育
按裂隙开口宽度分级				
分级	I	II	III	IV
裂隙宽度/mm	<0.2	0.2~1	1~5	>5
描述	闭合	微张	张开	宽张

表 5.21　钻孔原始地质编录记录表(综合表,参考格式)

勘察区＿＿＿＿　　钻孔编号＿＿＿＿　　第＿＿页 共＿＿页

钻进		回次	进尺/m			岩芯			分层岩芯分长/m	分层岩芯总长/m	分层进尺/m	分层采取率/%	岩性分层					采样编号	岩石可钻性等级	其他(钻探、工艺、水文地质现象等)
日期	班次编号	编号	自	至	计	长度/m	残留/m	采取率/%					换层深度/m	轴夹角/(°)	分层真厚度/m	层号	岩性描述			

地质记录员＿＿＿＿　　　　　　　　　　　　　　　　＿＿＿年＿＿月＿＿日

119

③岩溶的发育情况。详细观测描述岩芯上出现的溶孔、溶洞的大小、深度、个数、连通情况及洞壁上的沉淀物等。岩溶地区应计算岩芯线岩溶率,公式为

$$\beta_L = \frac{\sum L_0}{L \cdot X_{回次}} \times 100\% \qquad (5.6)$$

式中 β_L——岩芯线岩溶率;

$\sum L_0$——在回次进尺 L 段内岩芯上岩溶的轴向总长度之和,m;

L——回次进尺,m;

$X_{回次}$——回次岩芯采取率。

上述基岩的线裂隙率或线岩溶率是用来确定岩石裂隙或岩溶发育程度,以及确定含水段位置的可靠标志,应分段统计,并按不同深度标在钻孔成果图表中。

④有两点值得注意:一是对地表见不到的现象进行观察和描述,如未风化岩石的孔隙、裂隙发育及其充填胶结情况;地下水活动痕迹(溶蚀或沉积);发现地表未出露的岩层、构造等。二是注意分析和判别由于钻进所造成的一些假象,把它们从自然现象中区别出来,如某些基岩层因钻进而造成的破碎擦痕,岩层的扭曲、变薄、缺失、错位及松散层的扰动、结构破坏等。

2)松散土的观察和描述

对松散土的观察和描述,应根据土的不同类型确定描述的内容。

①大块碎石类土的描述内容。颜色(副色写在前,主色写在后,以下类推);矿物成分、颗粒的岩石种类及其重量百分比含量;分选性、粒径大小及其重量百分比含量;胶结情况,即胶结程度、胶结物种类和方式、充填物种类及含量百分比。

②砂类土的描述内容。颜色、矿物成分、矿物种类及其含量百分比;分选性、粒径大小及其质量百分比;胶结物及胶结程度;包裹物种类(黏性土、动植物残骸、卵砾石等)及其含量百分比。

③黏性土类的描述内容。颜色,湿度(含水量,分干燥、稍湿、湿、饱和水);有机物及其他包含物种类及百分比含量。

④其他土的描述。黄土及黄土状亚黏土描述颜色、孔隙及包含物等;泥炭描述颜色、气味、腐烂程度等;淤泥描述颜色、气味、矿物质种类及含量百分比等。

(5)钻进过程中判断含水层的方法

①钻孔岩芯采取率低的井段,岩溶地层中线岩溶率大于30%的井段,钻进过程有掉钻(放空)现象,溶洞发育,溶洞层的标高已在区域水位标高以下。

②在钻进过程中,孔内水位突然上升,甚至自喷或突然下降到几十米,低于上覆地层水位。但要注意由于钻杆与孔内水体相对运动速度之差而造成的下钻过程中钻杆的涌水现象,不要误认为地层出现了自流水。

③基岩地区孔内冲洗液大量消耗甚至不返水,松散地层钻进泥浆变稀并有含水层砂粒返出,回转钻机有声响,进尺较快。

根据上述现象结合岩芯观察和测井资料,可以准确地确定含水层位置。

4. 岩芯采长的量取

岩芯采长即岩芯采取长度,是钻探取芯的实际长度。岩芯采长包括回次采长、分层采长和换层采长(图5.25)。回次采长是一个回次钻进所采取的岩芯长度,主要用于计算回次岩芯采

取率;分层采长(层厚采长)是同一岩性的岩芯分层采取的总长度,主要用于计算分层岩芯采取率;换层采长包括换层上部采长和换层下部采长,换层上部采长是自换层界面向上至本回次钻进所取的最上部岩芯顶面的岩芯长度,换层下部采长是自换层界面向下至本回次钻进所取的最下部岩芯底面的岩芯长度,主要用于计算换层孔深。

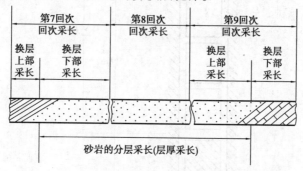

图 5.25　回次采长、分层采长、换层采长的关系示意图

量岩芯采长时,需将整个钻进所采取的岩芯,按顺序用钢尺贴紧丈量(以 m 为单位,精确到 cm);量取要认真、量准,采长量不准将导致一系列编录数据的错误,严重影响钻孔质量和资料的可靠性。回次采长是在每回次钻进取芯、整理后丈量;分层采长一般要从几个回次钻进的岩芯中取得,有时也可从一个回次钻进的岩芯中取得;换层采长在量取分层采长时已经取得。所有采长都要记录于钻孔原始地质编录相应的表格中(表 5.19、表 5.20、表 5.21)。

5. 岩芯采取率、获得率的计算

(1)岩芯采取率

岩芯采取率是指钻进过程中所取岩芯长度与钻孔进尺长度之比的百分数。可分为回次岩芯采取率、分层岩芯采取率和全孔岩芯采取率。

1)回次岩芯采取率

回次岩芯采取率是指每一回次所采取岩芯实际长度与该段岩芯所代表的实际进尺之比(图 5.26)。计算公式为

$$X_{回次} = \frac{\sum L}{L_A - L_B + L_C} \times 100\% \tag{5.7}$$

式中　$X_{回次}$——回次岩(煤)芯采取率;

　　$\sum L$——回次岩芯采取长度之和(岩芯取出后,将能够合拢在一起的直接量出长度,不能合拢在一起的,装入同规格的短岩芯管里量长度,最后把两种长度加在一起),m;

　　L_A——本回次进尺,m;

　　L_B——本回次残留岩芯长度,m;

　　L_C——上回次残留岩芯长度,m。

在实际工作中,岩芯在钻进中磨损较大(尤其是软岩层),残留进尺与实际残留岩芯之间差别很大,可以不考虑残芯,则回次岩芯采取率的计算公式为

$$X_{回次} = \frac{\sum L}{L_A} \times 100\% \tag{5.8}$$

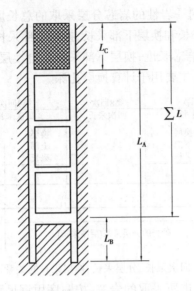

图 5.26 回次岩芯采取率计算示意图

$\sum L$—回次岩芯采取长度之和;L_A—本回次进尺;L_B—本回次残留岩芯长度;

L_C—上回次残留岩芯长度

式中符号意义同式(5.7)。

2)分层岩芯采取率

分层岩芯采取率是指每一岩层的分层采长与其钻探厚度(分层进尺)之比。计算公式为

$$X_{分层} = \frac{\sum L_分}{L} \times 100\% \tag{5.9}$$

式中 $X_{分层}$——分层岩芯采取率;

$\sum L_分$——同一岩层所取岩芯总长度,m;

L——同一岩层钻探厚度(即岩层底界面深度 – 顶界面深度,实质上就是分层进尺),m。

3)全孔岩芯采取率

全孔岩芯采取率是指全孔要求取芯孔段所采取的岩芯总长度与取芯孔段总进尺之比。计算公式为

$$X_{全孔} = \frac{\sum h}{H} \times 100\% \tag{5.10}$$

式中 $X_{全孔}$——全孔岩芯采取率;

$\sum h$——全孔要求取芯孔段所取岩芯总长度,m;

H——要求取芯孔段的总进尺(当全孔都采取岩芯时,"H"为孔深),m。

岩芯采取率是评价钻探质量、判断钻孔资料可靠性的一个重要依据,同时,又是计算换层孔深和岩层厚度所必须的基础资料。它除反映岩层的完整程度外,常常表明了钻探工作质量的好坏。岩芯采取率高,即自钻孔中取出的岩芯多,在一定程度上表明钻探操作方法好、技术水平高;岩芯采取率低,即地层被钻过去了,取出的岩芯少,在一定程度上说明钻探工作的质量差、操作不当、钻进方法不合理。因此,对岩芯采取率的要求是:

①水文地质普查、勘探孔(含探采结合孔)。采用回转正循环钻进法取芯时,黏性土和完整基岩平均采取率应大于70%,单层不少于60%;砂性土、疏松沙砾岩、基岩强烈风化带、破碎带平均采取率应大于40%,单层不少于30%,无岩芯间隔一般不超过3 m;对取芯特别困难的巨厚(大于30 m)卵砾石层、流沙层、溶洞充填物和基岩强烈风化带、破碎带,无岩芯间隔一般不超过5 m,个别不超过8 m。当采用物探测井验证时,采取率可以放宽。采取率的计算应以实际钻进岩层为准,无充填的溶洞、废矿坑及允许不取芯孔段的进尺,不准参与计算。凡从取粉管内捞取的岩粉,不得放入岩芯内计算。

②供水井和观测孔。岩芯采取要根据已掌握的水文地质资料及所采用的钻进方法而定。一般应配合物探测井进行无岩芯钻进,特殊情况按照钻孔设计要求进行。

(2)岩芯获得率

岩芯获得率通常是在基岩地层回次钻进取出的岩芯中,只选其成柱状的、能合成柱状的及成圆形片状的,量其总长度与本回次进尺的比,用百分数表示(式5.11)。不能合拢在一起的破碎岩芯、填充物和夹泥等,不计算在内。因此,在软弱破碎的复杂地层,岩芯获得率都低于采取率。在极严重破碎的断层夹泥中钻进,甚至可能采取率达100%,而获得率却为零。

$$X_{获得} = \frac{\sum L_{柱}}{L_A} \times 100\% \qquad (5.11)$$

式中　$X_{获得}$——岩芯获得率;

$\sum L_{柱}$——回次取芯中成柱状的、能合成柱状的及成圆形片状的岩芯总长度,m;

L_A——回次进尺,m。

岩芯获得率表明岩芯的完整程度,其目的是用以表明地层条件优劣。获得率越高,即钻过的地层越完整、岩石硬度大;反之,即表示钻过的地层软弱破碎、岩石硬度小,也就是通常说的地质条件差、地质情况很复杂。

在完整的岩层中钻进时,因为取出的岩芯比较完整,岩芯的采取率与获得率没有什么差别。但在软弱破碎的复杂地层中钻进时,区别岩芯的采取率和获得率就很重要了。在软弱破碎的复杂地层里钻进时,要将采取率和获得率分别记录、分别计算,不能混为一谈;在松散覆盖层中钻进时,因为获得率为零,所以只计算采取率,不计算获得率。

6.换层孔深及分层钻探厚度的计算

(1)换层孔深的计算

在钻进过程中,岩层从一个分层变换为下一个分层时称为"换层"。各岩层的分层界面在钻孔深度中所处的深度称为换层孔深(R)。根据换层所处位置不同,分为回次间换层、回次内换层及空回次换层3种情况计算换层孔深。回次内换层即岩层换层界面在回次钻进所采取的取芯中间;回次间换层即岩层换层界面正好在回次取芯的终点;空回次换层即未取出岩芯的某回次内出现换层。

由于岩芯在钻进中的磨损,因此,岩芯的采长可能不等于其所在的孔段长度(进尺),不能简单地直接用岩芯采长求得换层孔深,一般只有通过计算才能获得。在不同条件下,换层孔深的计算方法如下:

1)回次间换层

回次间换层即岩层换层界面正好在回次取芯的终点。

①若本回次无残留岩芯时［图5.27（a）］，换层孔深计算公式为

$$R = H_n \qquad (5.12)$$

式中　R——换层孔深，m；

　　　H_n——本回次累计孔深，m。

②若本回次有残留岩芯时［图5.27（b）］，换层孔深计算公式为

$$R = H_n - L_B \qquad (5.13)$$

式中　L_B——本回次残留岩芯长度，m；

　　　其余符号意义与式（5.12）相同。

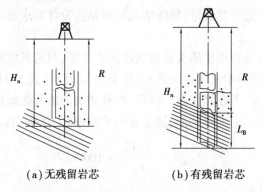

（a）无残留岩芯　　　　（b）有残留岩芯

图5.27　回次间换层时换层孔深计算示意图

R—换层孔深；H_n—本回次累计孔深；L_B—本回次残留岩芯长度

2）回次内换层

回次内换层即岩层换层界面在回次钻进所采取的岩芯中间。换层孔深计算方法为：

第一步，计算回次岩（煤）芯采取率 $X_{回次}$（%）。

第二步，计算回次取芯中换层上、下部采长磨损前的长度（即与此采长相当的进尺或孔段长度），计算公式为

$$d_1 = \frac{\sum L_{换上}}{X_{回次}} \qquad (5.14)$$

$$d_2 = \frac{\sum L_{换下}}{X_{回次}} \qquad (5.15)$$

式中　d_1, d_2——回次取芯中换层上、下部采长磨损前的长度，m；

　　　$\sum L_{换上}, \sum L_{换下}$——回次取芯中换层上、下部采长，m。

第三步，计算换层深度 R。

①当回次取芯中只有一次换层时：

a. 若本回次和上回次均无残留岩芯时［图5.28（a）］，换层孔深计算公式为

$$R = H_n - d_2 \qquad (5.16)$$

$$或\ R = H_{n-1} + d_1 \qquad (5.17)$$

式中　H_{n-1}——上回次累计孔深，m；

　　　其余符号意义与式（5.13）、式（5.14）、式（5.15）相同。

b. 若本回次和上回次均有残留岩芯时［图5.28（b）］，换层孔深计算公式为

$$R = H_n - d_2 - L_B \tag{5.18}$$

$$或 \; R = H_{n-1} + d_1 - L_C \tag{5.19}$$

式中 L_B——本回次残留岩芯长度,m;

L_C——上回次残留岩芯长度,m;

其余符号意义与式(5.13)、式(5.15)、式(5.17)相同。

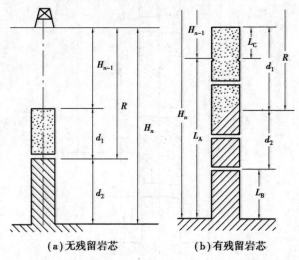

（a）无残留岩芯　　　　　（b）有残留岩芯

图 5.28　回次内一次换层时换层孔深计算示意图

R—换层孔深;H_n—本回次累计孔深;H_{n-1}—本回次累计孔深;d_1—回次取芯中换层上部采长磨损前的长度;d_2—回次取芯中换层下部采长磨损前的长度;L_A—本回次进尺;L_B—本回次残留岩芯长度;L_C—上回次残留岩芯长度

②当回次取芯中有两次换层且本回次和上回次均有残留岩芯时(图 5.29),换层孔深的计算方法为:

a.用本回次孔深向上推算换层孔深,计算公式为

$$R_2 = H_n - d_3 - L_B \tag{5.20}$$

$$R_1 = H_n - d_3 - d_2 - L_B \tag{5.21}$$

式中 d_3——回次取芯中分层采长磨损前的长度,m。

b.用上回次孔深向下推算换层孔深,计算公式为

$$R_1 = H_{n-1} + d_1 - L_C \tag{5.22}$$

$$R_2 = H_{n-1} + d_1 + d_2 - L_C \tag{5.23}$$

同理,一个回次取芯中若有 3 次及以上换层时,确定换层孔深的方法类同。

3)空回次换层

空回次换层时,换层孔深 = 上回次累计孔深 + 空回次进尺的 1/2,也可根据上下层岩石的相对硬度、破碎情况确定合适比例。如图 5.30 所示,换层孔深 = 86.5 m + 1/2 × 0.3 m = 86.65 m。

(2)分层钻探厚度的计算

分层钻探厚度是指沿钻孔轴线上岩层的厚度,是岩层的一种伪厚度。当各岩层的换层孔深确定后,某一岩层的钻探厚度就等于该层的底层面孔深减去本层岩层的顶层面(即上一岩层的底层面)孔深,即

岩层钻探厚度 = 岩层底界面深度 - 岩层顶界面深度 　　(5.24)

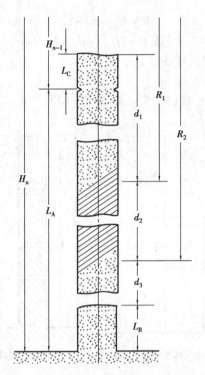

图 5.29　回次内两次换层时换层孔深计算示意图

R_1—回次内第一次换层孔深；R_2—回次内第二次换层孔深；H_n—本回次累计孔深；

H_{n-1}—本回次累计孔深；d_1—回次取芯中换层上部采长磨损前的长度；d_2—回次取芯中分层采
长磨损前的长度；d_3—回次取芯中换层下部采长磨损前的长度；L_A—本回次进尺；L_B—本回次残
留岩芯长度；L_C—上回次残留岩芯长度

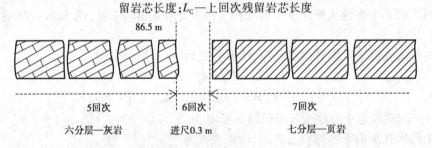

图 5.30　空回次换层时换层孔深计算示意图

（3）对换层孔深和分层钻探厚度计算的两点说明

1）关于岩芯采取率和磨损率的问题

在同一回次中常有不同的岩性分层，由于岩石本身硬度、破碎程度、耐磨性及不同钻进
方法对不同岩性岩石的磨损的差异性，使钻进过程中软岩层的磨损大、采取率低；而硬岩层
的磨损小、采取率高。因此，同一回次中不同岩性的岩芯磨损率不同，岩芯采取率也不同。
但计算换层孔深及岩层钻探厚度的公式中，都把同一回次不同岩性的岩芯采取率视为相
同，这种机械的、数学公式的方法显然与实际不符。但目前尚未有确定岩芯磨损率的科学
方法，通常是通过大量资料的统计分析，得出一个经验数据，作为不同岩性的岩芯采取率和
磨损率。在确定换层孔深时，还应参考钻探判层记录，进行综合分析，以取得较为可靠的换
层孔深和岩层钻探厚度。

2）关于残留岩芯的问题

上述公式中,考虑了残留岩芯。在实际工作中,确定残留岩芯长度很困难,因此,往往凭经验估计或干脆不考虑残芯。

7. 岩芯轴夹角的测量

岩芯轴夹角(δ)是指岩芯上的岩层面与钻孔轴心线的夹角。岩芯轴夹角是了解岩层分界面、解理面、断层面的倾角及编制地质剖面图、计算岩层真厚度的基础数据。在野外编录时通常用量角器测量。用量角器测量岩芯轴夹角的方法步骤如下(图5.31):

①找出要测量的岩层分界面在岩芯上的总体方向,找出岩层分界面在岩芯上的最高与最低点(可用红、蓝铅笔画一条线),如图5.31所示中AB。

②将岩芯柱面(图中CD)紧靠岩芯隔板。

③让量角器的零度边(图中ab)与岩层分界面(AB)平行,同时,使量角器的0点与岩层分界面(AB)同岩芯柱面(CD)的交点(O)重合。

④读出岩芯柱面在量角器上的读数(70°)即为岩芯轴夹角。

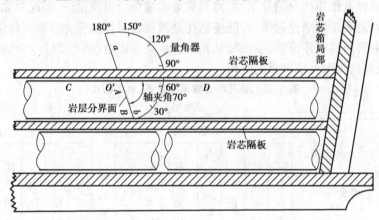

图5.31　用量角器测量岩芯轴夹角示意图

8. 岩层真厚度的计算

钻孔穿过岩层真厚度是指该岩层顶界面与底界面之间的垂直距离(图5.32)。岩层真厚度是在已知岩层的钻探厚度和岩芯轴夹角的基础上,经计算求得的。计算公式为

$$M = L \sin \delta \tag{5.25}$$

式中　M——岩层真厚度,m;

　　　L——岩层钻探厚度,m;

　　　δ——岩芯轴夹角,°。

由图5.32中可以看出:不论是直孔、顺岩层倾向斜孔、逆岩层倾向斜孔,岩层的真厚度只与其钻探厚度和岩芯轴夹角有关,而与钻孔天顶角、方位角及岩层倾角无关。

岩层真厚度是编制钻孔柱状图的基础数据,也是衡量勘察区含水层厚度的指标。

9. 钻探与测井成果的综合

由于地质、技术条件等多种因素的影响,从钻孔中获得的地质资料可能不尽如人意——如孔深的误差、岩芯采取率低而导致换层孔深和分层厚度不准等。为了弥补钻探的不足以提高地质资料的可靠性,必须依靠测井对钻探资料进行验证、修正和补充。但由于某种测井曲线对

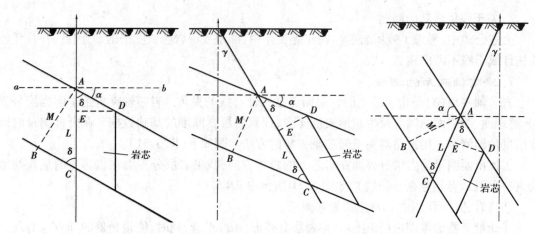

图 5.32　直孔、斜孔中岩层真厚度的计算示意图

M—岩层真厚度；L—岩层钻探厚度；$δ$—岩芯轴夹角；$α$—岩层倾角；$γ$—钻孔天顶角

某一岩石的多解性及地质情况的复杂性，测井成果也难免会出现错误，因此单靠测井解释也不可行。只有将两者科学地结合起来，才能使钻孔地质资料尽可能符合客观实际情况。

钻探与测井资料综合评价后，应填写钻孔综合成果鉴定表（表 5.22）作为钻孔最终综合成果，为钻孔柱状图的编制提供可靠的资料。

表 5.22　钻孔综合成果鉴定表（参考格式）

勘察区＿＿＿＿＿＿＿＿　　　　工程号＿＿＿＿＿＿＿　　　　共＿＿页第＿＿页

层号	岩石名称	地质描述	钻探							测井			综合成果		
			底界深度/m	钻探厚度/m	采长/m	分层采取率/%	岩芯倾角/(°)	真厚/m	样品种类	样品编号	底界深度/m	钻探厚度/m	真厚/m	底界深度/m	钻探厚度/m	真厚/m

地质技术员＿＿＿＿＿　　测井技术员＿＿＿＿＿　　项目负责人＿＿＿＿＿　　日期＿＿＿＿＿

10. 钻孔综合柱状图的编制

钻孔综合柱状图是根据测井成果、钻探成果及综合成果 3 部分资料编制而成。测井部分应填绘主要定性曲线、岩层的深度和厚度以及岩性柱状；钻探部分要填绘岩层的深度和厚度、分层岩芯采长及岩性柱状；综合部分应填绘时代、层号、岩性柱状、岩层厚度、深度、轴夹角、岩石名称及岩性描述。钻孔综合柱图的比例尺为 1：100～1：200，视钻孔深度、不同勘察阶段的精度要求而定。

在编绘钻孔综合柱状图时，对于厚度太小的特殊岩层难以表示时可适当放大；对于厚度很大、岩性又无明显变化的岩层可采用缩画符号表示。钻孔综合柱状图的格式见表 5.23。

表5.23　钻孔综合柱状图（参考格式）

勘察区_____工程号_____孔口坐标 X____Y____Z____开孔层位____终孔层位____终孔深度____

测井成果					钻探成果					综合成果					
曲线		层厚	柱状 1:200	深度	层厚	采长	柱状 1:200	深度	时代	层号	层厚	柱状 1:200	深度	轴夹角	岩石名称及地质描述
伽马	视电阻率														

测井_____　钻探_____　综合_____　审核_____　日期_____

第三节　各类地质灾害勘察钻探技术要求

一、危岩-崩塌灾害勘察的钻探技术要求

1. 钻孔深度的确定

①勘探危岩-崩塌岩土体,钻孔应穿过底部崩滑带、溃屈带、控制裂缝开裂变形的软夹层,进入不动体内3(土体)~5 m(岩体)。设计孔深时应据物探及地质测绘推断,在第一批钻孔施工时应根据钻进具体情况及时调整设计孔深,保证达到钻探的目的。

②对崩塌堆积体的勘探,钻孔应进入崩积床3(土体)~5 m(岩体)。

③对于大型滑移式崩塌或弯曲溃屈型崩塌,主勘探线中部的钻孔,可打一个深孔,用以探查深部滑移面及深部弯曲变形带存在与否。

2. 孔深误差要求

①下列情况均需校正孔深:每钻进50 m、主要裂缝、软夹层、滑带、溶洞、断层、涌水处、漏浆处、换径处、下管前和终孔时。

②孔深最大允许误差不得大于1%。在允许误差范围内可不修正,超过误差范围要重新丈量孔深并及时修正报表。

3. 取原状土要求

①一般每隔2 m取一个原状土样,厚度小于2 m的土层及有意义的夹层应取样;厚度大于3 m的土层每隔3 m取一个原状土样。

②软土中用薄壁取土器压入法取样;硬土层可用重锤下击法或回转法取样。

③孔内取样:对于易扰动的软土,取土器直径不小于110 mm 湿陷性黄土不应小于120 mm;砂土可采用75 mm取土器,以免取样时脱落,取样长度不小于300 mm。

4. 取岩芯要求

①重点取芯地段(如破碎带、滑带、软夹层、断层等)应限制回次进尺,并提出专门的取芯和取样要求,看钻地质员跟班取芯、取样。

②松散地层潜水位以上孔段,应尽量采用干钻;在砂层、卵砾石层、硬脆碎地层和松散地层中应尽量采用反循环钻进;滑带、重要层位和破碎带等应采用适宜的单动双管钻进。

③长度超过 35 cm 的残留岩芯，应进行打捞。残留岩芯取出后，可并入上一回次进尺的岩芯中进行计算。

④岩芯采取率要求：卵砾类土不低于 50%、砂类土不低于 60%、黏性土不低于 80%；剧、强风化带不低于 50%、弱风化带不低于 75%；断层、破碎带、滑带一般要求不低于 70%；完整岩体不低于 85%。根据具体地质要求取芯、取样。冲击钻以四分法留取样品，其数量应满足试验鉴定的需要。

⑤无岩芯间隔要求：黏性土不超过 1 m，其他不超过 1.5 m，重要取芯地段不在此列。

5. 钻孔简易水文地质观测

①观测初见水位、静止水位、稳定水位、水温、漏水、涌水及其他异常情况，如破碎、裂隙、裂缝、溶洞、缩径、漏气、涌砂和水色改变等。

②无冲洗液钻进时，孔中一旦发现水位，应停钻并立即进行初见水位和稳定水位的测定。每隔 10 ~ 15 min 测一次；3 次水位相差小于 2 cm 时，可视为稳定水位。

③清水钻进时，提钻后、下钻前各测一次动水位，间隔时间不小于 5 min；长时间停钻，每4 h 测一次水位；测稳定水位时应先提水或注水，观测其恢复水位，稳定时间应大于 2 h。

④准确记录漏水、涌水位置，并测量漏水量、涌水量及水头高度。

6. 孔径要求

①取原状土样的钻孔，孔径不得小于 110 mm；取岩石样的钻孔，使用钢粒取芯钻进时，终孔孔径不得小于 110 mm；使用合金取芯钻进，孔深小于 200 m 时，终孔直径不得小于 110 mm；当孔深超过 200 m 时，终孔直径可为 91 mm；使用金刚石钻进时，终孔直径可为 66 mm。

②水文地质试验孔的终孔直径不小于 110 mm；若孔深大于 200 m 时，可采用 91 mm 终孔。

③物探测井钻孔，包括电测井、声测井、放射性测井等，终孔直径不小于 66 mm。

④进行井下电视录像的钻孔，终孔孔径一般不小于 110 mm。

⑤进行钻孔倾斜仪监测的钻孔，终孔孔径不小于 91 mm，进行多点位移计监测的钻孔，终孔孔径不小于 66 mm。

7. 孔斜误差要求

①下列情况均需测量孔斜：每钻进 50 m、换径后 3 ~ 5 m、出现孔斜征兆时、终孔后。

②顶角最大允许弯曲度，每百米孔深内不得超过 2°。随孔深增加可以递增计算，顶角超过 5° 后，要测方位角。

8. 封孔要求

钻孔验收后，对不需保留的钻孔必须进行封孔处理。土体中的钻孔一般用黏土封孔，岩体中的钻孔宜用混凝土封孔。

9. 保留岩芯要求

对控制性钻孔及重要钻孔，应全孔保留岩芯。其他钻孔岩芯可分层缩样存留。

10. 钻孔地质编录要求

①钻孔地质编录是最基本的第一手勘察成果资料，应由看钻地质员承担。必须在现场真实、及时和按钻进回次逐次记录，不得将若干回次合并记录，更不允许事后追记。

②编录时要注意回次进尺和残留岩芯的分配，以免人为画错层位。

③在完整或较完整地段，可分层计算岩芯采取率；对于断层、破碎带、裂缝、滑带和软夹层等，应单独计算。

④钻孔地质编录应按统一的表格记录,其内容一般包括日期、班次、回次孔深(回次编号、起始孔深、回次进尺)、岩芯(长度、残留、采取率)、岩芯编号、分层孔深及分层采取率、地质描述、标志面与轴心线夹角、标本取样号码位置和长度、备注等。

⑤岩芯的地质描述

坚硬地层,应描述岩石名称(野外定名)、颜色、成分、结构、构造、节理裂隙、风化、破碎程度(区分天然破碎与钻进机械破碎)、岩芯长度和完整性等;卵、砾石层,应描述其名称、卵砾石的颜色、岩性、成分、大小、形状、充填物(砂、黏性土)的颜色、成分、含量及胶结情况;砂类土层,应描述其名称、颜色、成分、粒度、干湿时的状态、夹杂物等;黏性土,应描述其名称、颜色、成分、含砂性、结构特征、可塑性、稠度等。

节理裂隙描述:确定节理裂隙类型、成因、连续性、张开程度、充填物、裂隙率;断层描述:断层性质、破碎带宽度(深度)、擦痕、构造岩、岩芯完整性、漏水和涌水情况等;确定风化带,描述风化现象,与地表裂隙连通情况及多层风化现象。

重视岩溶、裂缝、滑带及软夹层的描述和地质编录;注意对滑带擦痕的观察与编录;水文地质观测记录和钻进异常记录;取样记录等。

11. 钻孔验收

钻孔完工后应及时组织验收。按孔径、孔深、孔斜、取芯、取样、简易水文地质观测、地质编录、封孔八项技术指标验收分级,分为优良、合格、不合格三个等级。对于不合格钻孔,应补做未达到要求的部分或者予以报废重新施工。

12. 钻探成果

①钻孔终孔后,应及时进行钻孔资料整理并提交该孔钻探成果,包括钻孔设计书、钻孔柱状图、岩芯素描图、岩芯照片、简易水文地质观测记录、取样送样单、钻孔地质小结(或报告书)等。

②钻孔柱状图的内容与要求:

柱状图的比例尺,以能清楚表示该孔的主要地质现象为准,一般为1:100~1:200;对于岩性简单或单一的大厚岩层,可以用缩减法断开表示;柱状图图名处应标示:勘探线号、孔号、开孔日期、终孔日期、孔口坐标、钻孔倾角及方位。

柱状图包括下列栏目:回次进尺、换层深度、层位、柱状图(包括地层岩性及地质符号、花纹、钻孔结构)、标志面与轴心线夹角、岩芯描述、岩芯采取率、取样位置及编号、地下水位和备注等;柱状图底部应标示责任签。

③钻孔小结(钻孔报告书)的编写内容:钻孔周围地质概况、钻孔目的任务、孔位、施工日期、施工方法、钻孔质量、钻进过程中的异常现象、主要地质现象、技术小结和地质成果分析及建议等。

13. 钻探应注意的事项

①对于处于极限状态的潜在崩塌体:钻进时,若钻孔冲洗液大量漏失,则可能引起变形加剧,应采用空气钻进或干钻(土体)。

②由于崩塌岩土体中裂缝、裂隙或破碎带十分发育,应作好过缝、过破碎带钻进及钻孔保直纠斜的各种施工准备。

二、滑坡灾害勘察的钻探技术要求

1. 钻孔深度的确定

根据滑坡地段的地质条件和滑坡的类型、成因、规模等情况来确定。一些地质条件复杂、规模较大的滑坡,往往在最下面的滑坡床以下还有较多的滑动变形带或不同时期形成的滑坡床存在。因此,在埋深较大的基岩大型滑坡地段进行勘探时,应先在其中、下部布置1~2个控制性深孔,其深度应超过滑坡床最大可能埋深3~5 m。当滑坡床最终确定后,其他钻孔可钻至滑坡床以下1~3 m终孔。

考虑为滑坡整治而打的钻孔,其深度应针对具体整治措施而有所不同。如为修建支挡建筑物的勘探孔,若滑坡床由软弱岩层或松软土层组成,应考虑由于建筑物的修建使滑坡在更深处形成新滑面的可能性,钻孔深度应适当加深;当滑坡床为基岩或软塑泥化夹层时,钻孔深度可穿过滑坡床而终孔。若为向下作垂直疏干排水的勘探钻孔,应打进下伏主要排水层,必要时可将其打穿,以了解其厚度、岩性和排水性能。

2. 孔内滑坡床位置的确定

孔内滑坡床位置的确定,要细致认真,因为钻孔口径小,岩芯数量少,容易造成判断错误。接近滑面(带)时,回次进尺不应大于0.3 m。

一般情况下,滑坡床是塑性变形带,带内的物质与其上、下土层(或岩层)相比,具有明显的特点:潮湿饱水或含水量较高;比较松软,常有揉皱或微斜层理;具有镜面和擦痕(滑坡擦痕为平行直线状,深浅不一,多存在于松软塑性泥质层中,在坚硬岩石中仅存在于表面一层,即所谓单层性,而构造擦痕具叠层性,可深入基岩,钻进扭转造成的擦痕皆为同心圆状);塑性变形带的颜色和成分一般比较复杂;所含角砾、碎屑具有磨光现象;条状、片状碎石有错断的新鲜断口;钻进中常有缩径、掉块、漏水现象。

对于重要的且不易查清其埋深的滑坡,在适当位置如中、前缘开挖一两个竖井,除验证口径小的钻孔资料外,还可直接找出滑坡床的位置,并利于观察滑坡要素、内部结构特征和采取试验样品。

3. 钻探方法

用于滑坡的钻探方法主要有无泵反循环钻进和风压干钻两种。风压干钻应用较普遍,它适用于地下水位以上,能准确地揭露滑坡床的位置和岩(土)层潮湿情况。在地下水位以下,可采用无泵钻进。

4. 孔径要求

采取原状土样的钻孔孔径不小于130 mm;采取岩石物理力学性质试样的钻孔孔径不小于110 mm;进行专门性试验的钻孔孔径,要按照需求确定。

5. 取芯要求

必须全孔连续取芯钻进并强调:

①不准超岩芯管钻进,必要时应限制回次进尺和回次时间。

②在设计的滑动面(带)孔段及遇软弱土层、破碎带时,应尽量采用干钻或双岩芯管无泵钻进。

③岩芯采取率要求:在黏性土和完整岩石中应不低于85%;在砂类土中不低于80%;在卵砾类土中不低于70%;在风化带及破碎带中不低于70%。土质滑坡滑体土不应小于75%、岩

质滑坡滑体不应小于85%;滑带土不应小于90%、滑床不应小于85%。

6.取原状土要求

①一般每隔2~5 m取1个原状土样;厚度小于2 m的土层及有意义的夹层也应取样;厚度大于5 m的土层每隔3~5 m取1个原状土样。

②软土层中用薄壁取土器压入取样;硬土层可用重锤敲击法和双层单动取土器取样。

7.孔深误差要求

每钻进20 m及终孔时,都要进行孔深较正。终孔孔深误差不得大于1‰。

8.孔斜误差要求

除专门设计的定向孔外,钻孔应保持垂直。孔深小于50 m的钻孔,孔斜误差不得大于1°;孔深100 m内,孔斜误差不得大于2°。

9.钻孔简易水文地质观测

必须观测孔内初见水位、静止水位,水温、涌水、漏水情况、缩径、卡钻及其他异常现象,及时记录相应数据,并采取相应的处理措施。

10.钻孔地质编录要求

①钻孔地质编录必须在现场真实、及时和按钻进回次逐次记录,不得将若干回次合并记录或事后追记。

②编录时要注意回次进尺和残留岩芯的分配,以免人为画错层位。

③在完整或较完整地段,可分层计算岩芯采取率;对于断层、破碎带、裂缝、滑带和软夹层等,应单独计算。

④钻孔地质编录应按统一的表格记录。其内容一般包括日期、班次、回次孔深(回次编号、起始孔深、回次进尺)、岩芯(长度、残留、采取率)、岩芯编号、分层孔深及分层采取率、地质描述、标志面与轴心线夹角、标本取样号码位置和长度、备注等。

⑤岩芯的地质描述应客观、准确、详细。滑带、软夹层、岩溶、裂缝等重要地质现象应详细描述,并用素描及照片辅助说明。注意对滑带擦痕的观察与编录,重视水文地质观测记录、钻进异常记录和取样记录。

⑥岩芯照相要垂直向下拍,除特殊部位特写镜头外,每岩芯照一张照片,有标注孔深、岩性的岩芯标牌。

三、泥石流灾害勘察的钻探技术要求

1.钻孔的质量要求

①按照施工钻孔的设计要求进行。

②岩芯采取率:松散层不应小于60%,风化破碎岩石不应小于65%,完整岩石不应小于85%;岩层采样段回次采取率不应小于90%;土层采样段回次采取率应为100%。

③钻孔孔深:在岩土层位变换时应及时校正,允许误差±1%。

④钻孔弯曲度:垂直孔顶角不超过2°/100 m,斜孔不超过4°/100 m。无特殊要求时,一般可不测定。

⑤简易水文地质观测:钻进中要求观测初见水位、静水位,观测精度±5 cm。

⑥钻探工程在地下水位以上钻进时,须采用无液回旋钻进(干钻)。

⑦在孔内进行层位测试和压水、抽水试验等,按照有关规程执行。

2. 孔内岩、土、水样的采集

(1) 岩样采集

①采集孔内岩芯样作为岩样标本。

②岩芯样要保证岩石的原始结构不受或少受破坏，采集的岩芯要能满足试样加工尺寸（标准件）和数量上的要求。

③采集好样品后，立即在试样上注明编号、产状、深度等。对于干缩湿胀（如泥岩、泥质岩石）或易于风化的岩石，取样速度要快，在空气中暴露的时间应尽可能短。要求采取蜡封和铁装筒蜡封，尽快运送，防止晃动。

④将岩样送至实验室，应填写试样测试任务委托书。

(2) 土样采集

①在钻孔中采集土样，要尽可能采集原状土样。在采样钻进中要求回转取土，在泥石流勘探中采用岩芯管头即可，采集工艺参照《岩土工程勘察规范》。

②样品一般采用样盒装满后密封。对于扰动样（Ⅲ、Ⅳ级），可采用布和塑料样袋封装。

③送检样品要求附送样单、试验项目和试验方法的要求。

(3) 水样采集

①在孔内采集水样时，要将孔内混有的地表水或孔内的长期积水抽出，取含水层进入孔中的纯地下水。

②盛水容器一般应采用带有磨口玻璃塞的玻璃瓶或塑料桶。瓶、桶应洁净，在采取样品前应采用样水清洗 3 次以上。

③采样时，应缓慢将水注入瓶中，严防杂物混入，并留 10～20 mL 的空间。

④要测定水中的 CO_2 时，应单独用瓶取水，同时，加入 2～3 mg 的大理石粉。

⑤水样取好后，要立即封好瓶口，并标明取水的孔号、编号，加试剂名称，填好水样标签。

⑥水样运送中要防止瓶口破损，送交样品时要填好送样单，注明送样单位、样品编号，分析项目要求，交化验人员当面验收，水样保存时间不允许超过 72 h。

3. 钻孔的记录和编录

①钻进中的班报表记录应真实、及时。按钻进回次逐段填写，严禁事后追记。

②钻探现场编录可采用肉眼鉴定和手触方法。对岩土描述除按规范外，可采用标准化、定量化的方法（孟塞尔色标、砂土粒样、点荷载仪、袖珍贯入仪），岩芯采取率和岩石质量RQD 值。

③钻探成果要有钻孔柱状图、岩芯编录及野外现场试验记录。

四、岩溶塌陷灾害勘察的钻探技术要求

1. 钻孔深度的确定

①钻孔中应有占总数 10%～30% 的控制孔，其孔深一般为 100～150 m，以揭露主要岩溶发育带。

②一般钻孔深度：当第四纪覆盖层厚度小于 30 m 时，应达到基岩面以下 20～30 m；当第四纪覆盖层厚度大于 30 m 时，则应钻入新鲜、完整基岩 5 m。

③对于进行电磁波 CT 的钻孔，其深度应满足探测基岩面以下不小于 20 m 的范围为准。

④当钻孔揭露规模较大的溶洞或地下河管道，且上述孔深不能满足时，钻孔应加深进入洞

底完整基岩 3 m。

2. 钻探技术要求

钻探工作应按有关钻探技术规程执行,并应符合以下要求:

(1)孔径

为满足采样和测试需要,在土层中终孔孔径不小于 110 mm,在岩石中终孔孔径不小于 91 mm。进行专门试验的钻孔,其孔径按需要确定。

(2)取芯

①全孔连续取芯钻进. 土层应尽量采用干钻,碳酸盐岩和有意义的隔水层应清水钻进。

②岩芯采取率:黏性土和完整岩石不低于 80%,砂类土不低于 60%,砾卵类土、软土、破碎岩不低于 50%。冲击钻以四分法留取样品,其数量应满足试验鉴定的需要。

③无芯间隔:黏性土不得超过 1.0 m,其他的不超过 2.0 m。

(3)孔深和孔斜误差

①孔深误差:每钻进 50 m 校正一次,终孔孔深误差不超过 1‰。

②孔斜误差:深度小于 30 m 的钻孔可不进行孔斜测量;孔深小于 50 m,孔斜误差不大于 1°;孔深 100 m,孔斜误差不大于 2°。

③对孔斜有特殊要求的钻孔另定。

(4)简易水文地质观测

①观测初见水位、静止水位、水温、涌水、漏水及水色变化的起止深度。有条件时进行岩溶水定深测温。

②在钻进过程中,注意观测钻具自然下落和自然减压的起止深度,测定被揭露溶洞、土洞的起止埋深和充填程度(全充填、部分充填、无充填)。

(5)地质编录

应认真做好地质编录,专人跟班,及时记录。各项原始资料应满足规定要求,并保持清晰完整,数据准确。

(6)封孔和岩芯处理

钻进结束,编录完毕经现场验收后,除预留作其他用途钻孔外,应及时用黏土封孔,并对所有钻孔岩芯进行处理,重要钻孔或孔段应保留土样标本和岩芯或岩石揭片。

3. 孔内岩、土、水样的采集

(1)岩样

①一般采取岩芯样,应保证其原始结构不受或少受人为扰动,其数量应能满足试验要求。

②对于主要岩性类型不小于 3 组,软弱岩体不少于 6 组,采样点一般布置在代表性勘探剖面上。

③对于干缩湿胀、易于风化的岩石,应尽快取样蜡封,以避免温度、湿度变化的影响。

(2)土样

①应尽可能采取原状土样,并根据不同土层性质采取适当的采样方法,可参照《岩土工程勘察规范》的有关规定执行。对硬土层可采用击入法或双层单动岩芯管取样;对软土层用薄壁取土器压入取样。采样数量应满足试验要求。

②原状土样应在钻孔中按不同工程地质类型分层采样,采样间隔 2~5 m。采样孔数应占钻孔总数的 1/5~1/3。对每个主要的工程地质类型应有 6 组以上土样;对于厚度较薄、采样

困难但有特殊意义的土层,其采样数量应不少于3组。

③原状土样采取后,应立即装筒(盒),并以原土填紧、蜡封,填写取样标签、送样单后,及时运送。扰动土样也应及时包装运送,如需保持水分,可用塑料袋封装。

(3)水样

①在孔内采集水样时,应先将孔内积水提抽排尽后取样,采样数量应满足试验要求。采样方法及技术要求应按有关水文地质,工程地质勘察规范、规程执行。注意取样时应同时测定水温和气温。

②当钻孔揭露不同含水层时,应在同一钻孔或邻近钻孔中对其分别采样,注意避免采取混合水样。

③水样点的布置,应能反映岩溶地下水运动的方向上的水质变化及与其他类型地下水和地表水交替发生的水质变异。

④采样后立即密封,并填写标签和送样单,及时运送。水样保存时间一般不超过72 h。

4. 钻探成果资料

钻孔竣工后,应提交以下成果资料:

①钻孔柱状图。

②钻探班报表及编录原始资料。

③岩芯素描图或照片。

④钻孔说明书。其内容包括:钻探目的、任务、位置、施工时间、施工方法、钻孔结构、孔深、孔斜误差、封孔及岩芯处理情况、岩芯采取率、岩石质量指标(RQD)统计、采样种类与位置、原位测试位置和指标、地下水位、简易水文观测与钻进异常情况和位置、岩溶及土洞发育情况等。

第**六**章
地质灾害防治工程勘察综合地质编录

综合地质编录是指在地质灾害勘察过程中,把施工管理和原始地质编录中所获得的各种原始地质资料加以分析、研究及综合,再用文字、图件、表格等形式表示出来的一项综合性研究工作。

综合地质编录能反映勘察区的各种地质现象和特点,有助于人们系统地了解和分析区内岩土、地层、地质构造、水文地质等问题,客观地反映致灾地质体的状况,为地质灾害的防治提供必要的资料。综合地质编录的成果,可直接为地质灾害的防治和施工提供可靠的依据。

综合地质编录的内容包括:地质灾害的稳定性评价→危险性评估及防治工程论证→审校原始资料→编制基本图件→编制汇总表格→编写地质报告。每一勘察阶段都应按规定的内容和格式编写相应的地质报告作为勘察成果,以指导下一阶段的地质灾害勘察工作或作为地质灾害防治设计、施工的依据等。

综合地质编录的基本要求:①可靠性:原始资料全面、准确、可靠;②统一性:岩性描述、地层划分、工程编号、图例、比例尺等应统一;③及时性:及时编录以指导勘察工作等。

第一节 各类地质灾害稳定性评价

一、滑坡灾害稳定性评价

(一)滑坡灾害稳定性评价概述

1. 目的任务

要求对自然与人为工程活动影响下滑坡体、天然斜坡或人工边坡的稳定性状态作评价,为全面整治斜坡或滑坡体,或设计经济且合理的人工边坡提供依据。

2. 评价依据

滑坡稳定性评价包括定性评价和定量评价两个方面。由于滑坡问题的复杂性,定性评价考虑的因素较全面,它是定量评价的基础,应给予足够重视。评价滑坡稳定性必须考虑其全部自身因素和有利于滑坡发育的各种环境条件,对重要因素尽可能作定量的评价。滑坡稳定性评价的依据有两个方面:一是基础条件,包括滑坡自身特征及其影响因素;二是对滑坡变形破坏机理的正确分析,以使概化的地质力学模型是正确的。

(1)基础条件

①地形地貌、滑坡体的结构(构造)、岩土体的含水特征及其物理-力学性质、伴生的地质作用和现象。

②滑坡作用(现象)的动力学特征(即滑坡的位移速度及其数值的变化以及控制此种现象的地质作用),如地下水的最高水位、河流(湖泊或水库)的高水位、水力坡度、雨水的浸泡作用和施加于滑体的外力作用(如地震惯性力产生的加速度,人为堆积荷载、振动、爆破)等及其变化方式。

③滑坡体变形破坏的历史资料。

④岩土体及滑带的物理力学参数。

(2)机理分析

机理分析是建立地质力学模型的基础,它是在明确主要的或控制性因素前提下,确定斜坡变形破坏模式的过程。机理分析的目的在于建立正确的概念,避免原则性或整体性的错误。

(3)滑坡稳定性评价的认识定位

由于滑坡体本身的复杂性和影响因素的不确定性,目前的半定量或定量评价大多是定性分析评价的量化表达,且不可把定量计算绝对化,并机械地认为越是新奇复杂的方法,其计算结果越准确,实用价值就越大。

例如,甲居滑坡变形定性评价。该滑坡根据地表变形强烈程度可分为前缘强烈变形区、中部弱变形区和后缘潜在变形区 3 个部分(图 6.1)。变形区总体平面形态呈 M 形,东西向平均长约 1 200 m,南北向平均宽约 1 000 m,面积约 1.2 km²。变形区内呈阶梯状地貌,地面坡度 10°~32°,前、后陡,中部缓。变形强烈部位和有明显活动部位主要集中于坡体前缘,形成多级陡坎。各变形区主要特征如下:

图 6.1 甲居滑坡变形程度分区图

1)前缘强烈变形区

本区微地貌呈梯级台坎形状,整体地形坡度 20°,前陡后缓。大金川河附近由于公路开挖和河流冲蚀形成了 15~30 m 高的陡坎,陡坎坡度 35°~40°。

根据钻孔揭示、物探结果及邻近资料研究,推测本区覆盖层厚度为 22~100 m,基岩顶面插入大金川河河底 70~80 m。临近大金川河河域,坡体覆盖层可划分为上下两层,上部为碎石土、块石土及少量粉砂质黏土,为弱透水地层,厚 22~45 m;下部为巨块石堆积,裂隙较发育,为透水地层。滑坡变形强烈区域主要集中于上层土体中。

本区变形迹象主要为南东侧有一小型滑坡(HP_1)发育,滑坡后壁高 3~15 m,滑面深度 15~20 m,滑动方向 70°,滑体物质成分主要为碎石土夹块石,有一定胶结。该滑坡剪出口位置不明,应为受前缘临河侧坡体变形牵引产生的局部滑塌。

区内前缘另有两个小型滑坡发育,滑动方向垂直于大金川河,滑面深度 1~5 m,滑体成分主要为碎石土,为小型土质滑坡(图 6.1)。除以上变形迹象外,本区多处见小范围塌滑形成的错落陡坎,错落高度 3~6 m。

2)中部弱变形区

本区根据钻孔揭示及物探结果,覆盖层厚度 25~35 m,物质成分主要为碎石土夹块石,局部为块石土。本区整体地形上呈阶梯状,前缓后陡,整体地形坡度 20°,后侧局部陡坎坡度 45°~70°。后缘陡坎推测为小型古滑坡活动所致。

本区变形迹象主要为坡面南侧有一条线形拉张裂缝,走向 90°,缝宽 5~15 cm,深度 30~60 cm,延伸长度 30 m,缝内有一定泥质充填。区内多处房子有裂缝发育,裂缝多沿铅直方向发展,缝宽 0.5~1 cm。除以上变形迹象外,本区多处小范围塌陷形成的陷落坑,深度 0.3~2.0 m。

3)后缘潜在变形区

根据钻孔揭示及物探结果,覆盖层厚度 20~30 m,物质成分主要为碎石土夹块石,局部为块石土、粉砂质黏土。整体地形为宽缓阶梯状,地形坡度 15°。

现场调查时未发现明显变形迹象,但通过当地群众了解到,在洪水季节,本区曾有拉张裂缝出现,作为潜在变形区处理。

(二)滑坡灾害稳定性评价方法

评价斜坡和滑坡稳定性的主要方法有地质历史分析法、工程地质类比法、极限平衡理论计算法等。

工作中可根据所勘察滑坡的具体条件选择适宜的 2~3 种评价方法,并对不同评价方法所得结果进行对比分析。

1. 地质历史分析法

地质历史分析法是指通过滑坡的勘察研究,应用已掌握的斜坡变形破坏基本规律,结合本次工作取得的勘察资料,追溯所勘察滑坡演变的全过程,从而对滑坡的稳定状态及其发展趋势作出评价和预测。

①根据滑坡的阶段性规律预测斜坡或滑坡所处演变阶段和发展趋势。

②根据历史上斜坡或滑坡演变的主导因素及其作用特点,评价坡体目前的稳定性及可能的变化。

③根据该地区斜坡演变的区域性规律评价滑坡的稳定性。

2. 工程地质类比法

工程地质类比法是指把勘察研究对象与已有的且具有相似特征的天然斜坡、滑坡体或人工边坡的研究或设计经验进行类比分析,得出定性结论的方法。

(1)工程地质类比法的原则和条件

类比的原则是相似性。它主要包括组成斜坡的地层岩性、岩土体结构及斜坡类型的相似性,以及主要影响因素如降雨量、降雨强度或地震影响等的相似性。只有在上述原则和主要内容具有相似性的前提条件下,才能进行类比或部分类比。

(2)工程地质类比内容

①斜坡(滑坡)地貌类型的类比。

②斜坡(滑坡)岩土体结构类型的类比。

③变形破坏或移动类型的类比。

④主要影响因素的类比。

⑤区域工程地质环境的类比。

例如,甲居滑坡定性分析。

根据甲居滑坡变形区工程地质特征,甲居滑坡主要表现为覆盖层内部的多级、多期次变形。由于下覆基岩面埋置较深,在变形区前缘位置已深入大金川河河床面下 $80 \sim 100$ m,加之河对岸为第四纪坡积物及基岩山脊,因此,从可能剪出口角度考虑,滑坡变形区从整体上没有沿下覆基岩面滑动的可能性(主要是没有滑坡活动的有效临空面),滑坡活动可能产生的滑面位置主要在大金川河河床面附近以及其以上位置。从现场调查情况看前缘强烈变形区几个局部小滑坡的产生,滑面位置都在覆盖层内部,也印证了以上的推断。

甲居滑坡变形区前缘上覆土层结构:下部地层为巨块石堆积,孔隙发育,为透水地层,剖面深度为 $25 \sim 45$ m;上部地层为碎石土、块石土及少量粉砂质黏土,厚 $22 \sim 45$ m,为不透水地层。这种坡体结构在大金川河汛期动水压力情况下,为易滑结构。滑坡滑动面容易在碎石土、块石土之间产生,滑面形状以圆弧形滑动为主。

从斜坡结构看,下覆基岩斜坡为斜向坡,基岩类型以二云英片岩为主,基岩内软弱夹层以及节理裂隙不甚发育,且前缘无有效临空面,因此,滑坡在基岩内产生滑动的可能性较小。

综上所述,甲居滑坡变形区整体上不存在从基岩内和基岩顶面滑动的可能,滑动面的产生主要在覆盖层内。但是,由于变形区后缘基岩面埋置较浅,覆盖层厚 $15 \sim 25$ m,一旦前缘土层内部发生较大规模滑坡,有可能牵引拉动后侧覆盖层沿基岩顶面滑动。因此,分析计算甲居滑坡变形区前缘覆盖层的稳定性,是稳定性定量计算工作的重点。

3. 极限平衡计算法

极限平衡计算法是应用刚体力学的原理,结合岩、土体力学的理论和方法,分析计算特定条件下各类斜坡或滑坡的稳定性,并用稳定性系数予以表达来评价滑坡稳定性的方法。它是目前最经典、采用最多、最成熟有效的一种方法。计算法具体规定如下:

①在进行滑坡稳定性计算之前,应根据滑坡范围、规模、地质条件、滑坡成因及已经出现的变形破坏迹象,采用地质类比法对滑坡的稳定性作定性判断。

②滑坡稳定性评价应给出滑坡计算剖面在设计工况下的稳定系数和稳定状态。当稳定系数小于安全系数时应给出剩余下滑力。对每条纵勘探线和每个可能的滑面均应进行滑坡稳定性评价。

③滑坡稳定性计算所采用的荷载可分为滑坡体自重、地面荷载、地下水与地表水及其变化产生的荷载(水压)。

A.滑块体自重 W_1——为滑面以上滑体或滑块所受重力。表示为

$$W_1 = \gamma \cdot V \tag{6.1}$$

式中 W_1——滑体或滑块所受重力,kN,滑块重力方向为垂直向下、作用点为滑块重心;

  γ——滑体土的重度,kN/m³,地下水面线在滑面以下时,取自然重度(湿重度);

  V——滑体或滑块体积,m³。

滑坡体自重应按下列方法计算：

a. 地下水位面以上按天然重度计算。

b. 考虑降雨对滑坡体自重的影响时，如降雨入渗深度小于地下水位面埋深，降雨入渗范围内按饱和重度计算，降雨入渗范围以下、地下水位面以上仍按天然重度计算；如降雨入渗深度大于地下水位面埋深，地下水位面以上均按饱和重度计算。降雨入渗深度视当地暴雨强度、土体入渗系数和渗透系数确定。

c. 地下水位面至河（库）水位面范围内根据水压力的考虑方式按动水压力中的替代重度法中地下水位至河（库）水位范围内水压力方法计算。

d. 河（库）水位面以下按浮重度计算（此时不应再考虑河水、库水产生的荷载）。

B. 滑体上的建（构）筑物质量 W_2——建筑荷载可按假定建筑物分布范围内建筑荷载均布、每层荷载取 $2FtPB \sim 5FtPB$（PB：临塑荷载）、将每层荷载与平均层数相乘的方法计算。荷载方向为垂直向下，作用面为基础底面或桩底。

C. 动水压力（D）

滑坡坡面及滑面倾角大于 20° 时，基本无饱水或仅前缘季节性饱水；小于 15° 时，常年饱水。当滑体内地下水已形成统一水面时，应计入动水压力和浮托力。土质滑体内地下水与滑面连通，且向前缘渗出时，按下述方法考虑动水压力作用：

a. 替代重度法

适用于按力矩平衡原理计算的圆弧滑面及单一平面滑面情况。

●地下水位以上部分滑体采用湿重度。

●地下水位以下、滑坡外侧水体水面以上部分或地下水位渗出口以上部分，计算抗滑力时用浮重度，计算滑动力时用饱和重度。

●外侧水体静水面以下的滑体则均用浮重度，同时，考虑动水压力及水浮力作用。

●地下水位至河（库）水位范围内水压力应按下列方法计算：

当滑坡体渗透系数大于 $1 \times 10^{-7} \text{m/s}$ 时，滑坡体重度取浮重度，计算动水压力；当滑坡体渗透系数小于或等于 $1 \times 10^{-7} \text{m/s}$ 时，滑坡体重度取饱和重度，不计动水压力。对岩体完整或较完整、滑面缓倾、后缘有陡倾裂隙的岩质滑坡，尚应考虑降雨下渗在后缘裂隙和滑面形成的水压力（式 6.3 和式 6.4）。

b. 计算动水压力法

动水压力作用点为滑块饱水面积中心处，指向低水头方向（图 6.2）。动水压力作用角度近似于计算滑块底面倾角和地下水面倾角的平均值。

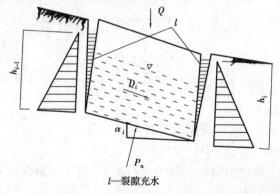

图 6.2　作用于滑块上的附加力

动水压力可计算为

$$D = \gamma_w hl \cos \alpha \sin \beta \tag{6.2}$$

式中 D——滑坡体或其某条块动水压力,kN/m;

      γ_w——水的重度,取 10 kN/m³;

      h——滑坡体或其某条块在地下水位面至河(库)水位面范围内的高度(以过滑面中点的铅垂线为准),m;

      l——滑坡体或其某条块滑面长度,m;

      α——滑坡体或其某条块滑面倾角,°,滑面反倾时,α 应取负值;

      β——滑坡体或其某条块地下水流线平均倾角(°)。当滑面在河(库)水位面上方时,若滑床隔水则取地下水位面倾角与滑面倾角的平均值;若滑床透水,则取地下水位面倾角的 0.5~1.0 倍(视滑面距地下水位面和河水、库水位面相对远近而定);当滑面在河(库)水位面下方时取地下水位面倾角的 0.5 倍。动水压力作用倾角应为地下水流线平均倾角。

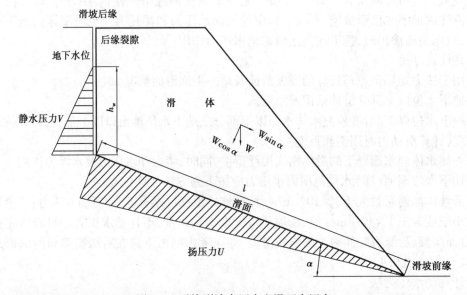

图 6.3 后缘裂隙水压力和滑面水压力

D. 滑坡后缘裂隙水压力和滑面水压力(扬压力)应按下列公式计算(图 6.3)为

$$V = \frac{1}{2} \gamma_w h_w^2 \tag{6.3}$$

$$U = \frac{1}{2} \gamma_w l h_w \tag{6.4}$$

式中 V——后缘裂隙水压力,kN/m;

      U——滑面水压力,kN/m;

      h_w——裂隙充水高度,m,取裂隙深度的 1/2~2/3;

      l——滑面长度,m。

E. 地震基本烈度≥7 度(地震加速度≥0.1g)地区,应计入地震力 Q。地震力作用于各滑块重心处,水平指向下滑方向。

地震力应按下式计算为

$$Q = \zeta_e W \qquad (6.5)$$

式中 Q——作用于滑坡体或其某条块的地震力,kN/m;

ζ_e——地震水平系数,岩质滑坡取 0.05、土质滑坡取 0.012 5(在地震烈度 >6 度的地区,可另据规定取值);

W——滑坡体或其某条块自重与相应建筑等地面荷载之和,kN/m,两者分别按"滑坡体自重 W_1"和"建筑物重量 W_2"计算。但地下水位面以下部分自重按饱和重度计算。

④滑坡稳定性计算所采用的工况应符合下列规定:

a. 涉水滑坡稳定性计算所采用的工况应分为现状工况(工况 1)、枯季工况(工况 2)、暴雨工况(工况 3)、暴雨 + 高水位工况(工况 4)、暴雨 + 水位降工况(工况 5)和水位降 + 地震工况(校核工况)共 6 种工况。

b. 不涉水滑坡稳定性计算所采用的工况应分为现状工况(工况 1)、枯季工况(工况 2)、暴雨工况(工况 3)和地震工况(校核工况)共 4 种工况。

在上述各工况中,"现状"应是勘察期间的状态;"暴雨"应是强度重现期为 20 年的暴雨;"高水位"对库岸滑坡应是与坝前正常水位对应的重现期为 20 年的当地洪水位、对河岸滑坡应是重现期为 20 年的洪水位;"水位降"对库岸滑坡应是与坝前正常蓄水位对应的重现期为 20 年的当地洪水位降至与坝前死水位对应的当地汛期最低水位、对河岸滑坡应是重现期为 20 年的洪水位降至汛期最低水位。当有特殊要求时,暴雨和洪水位重现期应按特殊需要确定。

⑤滑坡稳定性计算中各工况考虑的荷载组合应符合下列规定:

a. 对工况 1、工况 2、工况 3 应考虑自重、地面荷载和由地下水产生的荷载。

b. 对工况 4 应考虑自重、地面荷载、由地下水和河(库)水产生的荷载。

c. 对工况 5 应考虑自重、地面荷载、由河(库)水位下降产生的荷载。

d. 对校核工况应考虑自重、地面荷载、由地下水产生的荷载(对不涉水滑坡)或河(库)水位下降产生的荷载(对涉水滑坡)和地震力。

⑥滑坡稳定性分析中,除应考虑滑坡沿已查明的滑面滑动外,还应考虑沿其他可能的滑面滑动。应根据计算或判断找出所有可能的滑面及剪出口。对推移式滑坡,应分析从新的剪出口剪出的可能性及前缘崩塌对滑坡稳定性的影响;对松脱式滑坡,除应分析沿不同的滑面滑动的可能性外,还应分析前方滑体滑动后后方滑体滑动的可能性;对涉水滑坡尚应分析塌岸后滑坡稳定性的变化。

滑坡的坡面及滑面一般较平缓,滑体透水性一般大于滑带透水性,滑体内的地下水位受降雨及环境影响大,采用刚体极限平衡法中的总应力法计算滑坡稳定性也可满足工程要求。

⑦滑坡稳定系数的计算。一般采用传递系数法计算滑坡稳定系数(F_s)并宜用其他方法校核,滑面为平面时也可采用平面滑动法计算滑坡稳定系数(F_s)。

A. 采用传递系数法时,滑坡稳定系数(F_s)计算应符合下列规定:

a. 对土质滑坡和岩体破碎的岩质滑坡按下式计算为

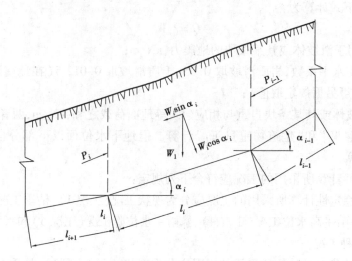

图6.4　传递系数法

$$F_{s} = \frac{\sum_{i=1}^{n-1} \left(R_i \prod_{j=i}^{n-1} \psi_j \right) + R_n}{\sum_{i=1}^{n-1} \left(T_i \prod_{j=i}^{n-1} \psi_j \right) + T_n} \tag{6.6}$$

$$R_i = [W_i \cos \alpha_i - Q \sin \alpha_i + D_i \sin(\beta_i - \alpha_i)] \tan \phi_i + C_i l_i \quad (i = 1, 2, \cdots, n) \tag{6.7}$$

$$T_i = W_i \sin \alpha_i + Q_i \cos \alpha_i + D_i \cos(\beta_i - \alpha_i) \quad (i = 1, 2, \cdots, n) \tag{6.8}$$

$$\psi_j = \cos(\alpha_i - \alpha_{i+1}) - \sin(\alpha_i - \alpha_{i+1}) \tan \phi_{i+1} \quad (i = j \text{ 时}) \tag{6.9}$$

$$\prod_{j=i}^{n-1} \psi_j = \psi_i \psi_{i+1} \psi_{i+2} \psi_{i+3} K \psi_{n-1} \tag{6.10}$$

式中　R_n——第 n 条块的抗滑力,kN/m;

$\quad\quad T_n$——第 n 条块的下滑力,kN/m;

$\quad\quad F_s$——稳定性系数;

$\quad\quad T_i$——第 i 条块下滑力,kN/m;

$\quad\quad R_i$——第 i 条块抗滑力,kN/m;

$\quad\quad D_i$——第 i 条块的动水压力,kN/m,按式(6.2)计算;

$\quad\quad Q_i$——第 i 条块的地震力,kN/m,按式(6.5)计算;

$\quad\quad \Psi_j$——第 i 条块剩余下滑力传递至 $i+1$ 块段时的传递系数($j = i$ 时);

$\quad\quad W_i$——第 i 条块自重标准值与相应附加荷载之和,kN/m;

$\quad\quad C_i$——第 i 条块滑面黏聚力标准值,水位面以下自重采用饱和重度计算时,按总应力法取值;水位面以下自重采用浮重度计算时,按有效应力法取值;

$\quad\quad \phi_i$——第 i 条块滑面内摩擦角标准值,(°),水位面以下自重采用饱和重度计算时,按总应力法取值;水位面以下自重采用浮重度计算时,按有效应力法取值;

$\quad\quad n$——条块数;

其余符号意义同前。

b. 对岩体完整或较完整的岩质滑坡按下式计算为

$$R_1 = [W_1 \cos \alpha_1 - Q \sin \alpha_1 - V \sin \alpha_1 - U_1] \tan \phi_1 + C_1 l_1 \tag{6.11}$$

$$R_i = [W_i \cos \alpha_i - Q \sin \alpha_i - U_i] \tan \phi_i + C_i l_i \ (i = 2, \cdots, n) \tag{6.12}$$

$$T_1 = W_1 \sin \alpha_1 + Q_1 \cos \alpha_1 + V \cos \alpha_1 \tag{6.13}$$

$$T_i = W_i \sin \alpha_i + Q \cos \alpha_i \ (i = 2, \cdots, n) \tag{6.14}$$

式中　V——第一条块后缘陡倾裂隙水压力,kN/m,按式(6.3)计算;

　　　U_i——第 i 条块滑面水压力,kN/m,$(i = 1, \cdots, n)$,根据条块滑面两端压力水头按梯形分布计算;

其余符号意义同前。

c.说明。滑坡稳定性计算时条块的划分:滑面倾角明显变化处、滑面与水位线相交处、滑面强度指标明显变化处、地下水位线倾角明显变化处、地形线坡角明显变化处、地形线与河(库)水位线相交处、地面荷载明显变化处等应作为条块分界点;最后一个条块高度较小时其宽度应较大;相邻条块滑面倾角之差不宜大于 $10°$,条块数量不宜少于 8 个。

B.采用平面滑动法时,滑坡稳定性计算应符合下列规定:

a.对土质滑坡和岩质破碎的岩质滑坡,按下式计算:

$$R = [W \cos \alpha - Q \sin \alpha - D \sin(\beta - \alpha)] \tan \phi + Cl \tag{6.15}$$

$$T = W \sin \alpha + Q \cos \alpha + D \cos(\beta - \alpha) \tag{6.16}$$

$$F_s = \frac{R}{T} \tag{6.17}$$

式中　R——滑坡抗滑力,kN/m;

　　　T——滑坡下滑力,kN/m;

　　　W——滑坡体自重与建筑等地面荷载之和,kN/m;

　　　C——滑面黏聚力标准值,kPb;

　　　ϕ——滑面内摩擦角标准值,$(°)$;

其余符号意义同前。

b.对岩体完整或较完整的岩质滑坡按下式计算:

$$R = (W \cos \alpha - Q \sin \alpha - V \sin \alpha - U) \tan \phi + Cl \tag{6.18}$$

$$T = W \sin \alpha + Q \cos \alpha + V \cos \alpha \tag{6.19}$$

式中　R——滑坡抗滑力,kN/m;

　　　T——滑坡下滑力,kN/m;

　　　W——滑坡体自重与建筑等地面荷载之和,kN/m;

　　　C——滑面黏聚力标准值,kPb;

　　　ϕ——滑面内摩擦角标准值,$(°)$;

其余符号意义同前。

C.已有支挡结构的滑坡稳定性计算应考虑支挡结构的作用和耐久性。当支挡结构为重力式挡墙时,应将挡墙视为滑坡体的最后一个条块进行滑坡稳定性验算,并应验算挡墙在土压力作用下的稳定性;当支挡结构为预应力锚索时,岩体完整、较完整的岩质滑坡稳定性应按下式验算:

$$R = [W \cos \alpha - Q \sin \alpha - V \sin \alpha - U + T' \sin(\theta + \alpha)] \tan \phi + Cl \tag{6.20}$$

$$T = W \sin \alpha + Q \cos \alpha + V \cos \alpha - T' \cos(\theta + \alpha) \tag{6.21}$$

式中　T'——预应力锚索现有锚固力作用于单宽滑坡的值,kN/m;

θ——预应力锚索倾角,(°);

其余符号意义同前。

⑧根据滑坡稳定系数(F_s),按表6.1确定滑坡稳定状态。

表6.1 滑坡稳定状态划分

滑坡稳定系数 F_s	$F_s < 1.00$	$1.00 \leqslant F_s < 1.05$	$1.05 \leqslant F_s < F_{st}$	$F_s \geqslant F_{st}$
滑坡稳定状态	不稳定	欠稳定	基本稳定	稳定
注:F_{st}为滑坡稳定性安全系数				

当某一工况滑坡稳定系数大于或等于安全系数时,滑坡在该工况下的稳定性可视为满足要求。注意滑坡稳定性计算最终结果所对应的滑动面应是已查明的滑面或通过地质分析及计算搜索确定的潜在滑面,不应随意假设。

⑨滑坡稳定性安全系数(F_{st})

上述滑坡稳定系数计算方法均属于定值设计法的范畴,将不确定的因素和参数都定值化,把未知的不确定因素归结到安全系数上。滑坡及其治理工程对象为岩土,具有较大的自身天然变异性,失效控制原理极其复杂,其稳定性安全系数选取须考虑力学指标测定条件、采用计算参数和方法的可靠性、治理工程的重要性和建设规模。当滑坡变形速率较大、失稳后危害大、治理工程失效后修复困难、滑面计算参数可靠性差(或采用峰值抗剪强度参数)时,宜采用较大安全系数;自然边坡稳定性评价,可取较小安全系数。特殊荷载组合可适当降低安全系数。滑坡稳定性安全系数应根据滑坡防治工程等级按表6.2确定。

表6.2 滑坡稳定性安全系数

滑坡防治工程等级	一 级	二 级	三 级
非校核工况稳定安全系数(F_{st})	1.25	1.15	1.05
校核工况稳定性安全系数(F_{st})	1.05	1.03	1.01

⑩滑坡剩余下滑力(P_i)的计算

滑坡剩余下滑力是滑坡向下滑动的力与抵抗向下滑动的抗滑力之差(又称滑坡推力)。可为设计抗滑治理工程提供定量设计数据,也可用以评价判定滑坡的稳定性。

当滑坡稳定系数 F_s 小于要求的稳定安全系数 F_{st},需计算滑坡支挡或加固所需外力时,要计算滑坡剩余下滑力(P_i)。一般按滑坡做整体运动、不考虑各滑块间的挤压和拉裂作用计算。

滑坡剩余下滑力应按下式计算为

$$P_i = P_{i-1} \cdot \psi_{i-1} + F_{st} \cdot T_i - R_i \tag{6.22}$$

式中 P_i, P_{i-1}——第 i 条块、第 $i-1$ 条块的剩余下滑力,kN/m,如果 $P_{i-1} < 0$,则计算 P_i 时中 P_{i-1} 取0;

F_{st}——滑块剩余下滑力计算安全系数,按表6.2确定;

其余符号意义同前。

当滑面为平面且滑体为完整岩体或只能在前缘布置支挡线时也可按下式计算为

$$P = F_{st}T - R \tag{6.23}$$

式中　P——滑坡剩余下滑力,kN/m;

其余符号意义同前。

二、危岩-崩塌灾害稳定性评价

(一)危岩-崩塌灾害稳定性评价概述

1.崩塌稳定性评价的目的

稳定性评价是地质灾害成灾可能性判断及决策的基础。危岩-崩塌体稳定性评价的目的是为崩塌成灾的可能性和危险性评价提供依据,为防灾防灾和编制防治工程可行性报告提供依据。

2.稳定性评价的内容

①进行危岩-崩塌体稳定性现状评价。

②进行危岩-崩塌体发展趋势及稳定性预测评价。

a.崩塌稳定性发展趋势及破坏产生时段的预测。

b.主要致灾外动力作用(暴雨、地震、库水位升降、人工振动等及其叠加作用)的致灾强度、灵敏度分析与概率预测。

c.崩塌方式、规模及运动特征预测。

d.派生灾害的预测。

(二)危岩-崩塌灾害稳定性评价方法

危岩-崩塌稳定性评价方法可概略分为地质分析、数理分析、概率(可靠度)分析、模型和模拟试验,以及利用动态监测资料分析判断,其中,地质分析、模拟试验为定性评价。

由于致灾地质体的复杂性和认识的局限性,对致灾地质体仅仅采用某一种分析方法即定论是有较大风险性的,应该采用多种方法进行综合分析判断。由于地质灾害的地质属性,地质结构是控制地质灾害的主控因素,因此,地质分析是一切稳定性分析的基础,具有决策意义。

1.地质分析法

地质分析法是根据勘察和其他方法所获得的资料,运用工程地质学等多学科知识对危岩-崩滑地质体进行稳定性分析评价的一种方法。

地质分析包容了岩体稳定的结构分析法(含图解分析法)、工程地质类比法、变形史分析法及其他一些分析方法,将其系统地归属于地质灾害分析的统一范畴。在分析中应确立地质灾害研究的系统观,即地质灾害系统内部的相互有机联系原则、整体性原则、有序性原则和动态原则。地质灾害的地质分析是稳定性评价的基础,是最重要的分析方法,具有宏观决策的重要意义。

地质分析法的内容包括:

(1)岩体稳定的结构分析法

岩体稳定的结构分析法主要基于岩体结构及其特性,依据岩体中结构体之间相互依存、相互制约的关系,抓住主要结构面并根据结构面之间、结构面与临空面之间的组合关系,确定可能失稳的结构体的形态、规模与空间分布,同时,判定不稳定块体可能移动的方向和破坏方式。

结构分析法主要采用图解分析法——主要有边坡稳定摩擦圆法、赤平极射投影法、玫瑰图法、节理统计极点图与等密度图、平面投影法和实体比例投影法等(图6.5、图6.6)。

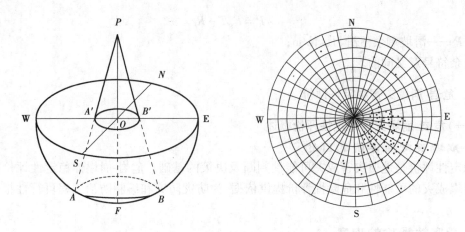

图 6.5　水平球面小圆的赤平投影和节理极点图

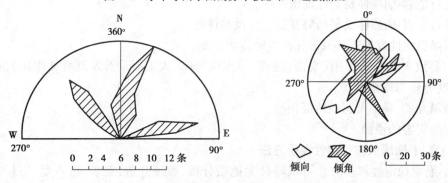

图 6.6　节理走向玫瑰花图和节理倾向、倾角玫瑰花

（2）类比分析法

依据相似性原则将已经发生过的崩滑灾害的地质体特征、成灾条件、成灾动力、成灾因素、成灾类型和成灾机制等先验实例与被勘察对象进行类比分析,评价其稳定性。其实质是把集成经验（理论）应用到条件相似的勘察中去。

类比的相似性原则,包含以下 4 个方面:

①崩滑体岩体性质、主控结构面、岩土体结构、斜坡结构和崩滑体介质结构条件等的相似性。

②崩滑体赋存条件的相似性。

③孕灾因素、动力因素的相似性。

④发育阶段的相似性等。

集成经验具有地域性、实践性和实践者的差异性等不确定性,为提高其水平,勘察单位可建立地质灾害稳定性评价的专家系统,进行多因素（多参数）数值化（权值）稳定性评价。

（3）变形史分析法

变形史分析法主要依据地质灾害自身发育规律中的生长周期性和阶段性特征,追溯演化崩滑体的变形发育史,评价其现今发育阶段,进而评价其稳定性。分析内容如下:

①崩滑体发育的区域性规律,包括周期性、阶段性、时段性、动力因素及诱发因素的统一性。

②根据被勘察崩滑体的变形形迹和变形速率（监测资料）,分析崩滑体现今所处的发育阶段。

③调查了解其变形历史,包括访问和搜集地方志和有关的资料。

(4)地质综合分析评价

在上述各项分析的基础上,依据灾害地质学的理论,对被勘察的崩滑体的形体特征、地质构成、成灾条件、成灾动力、成灾因素、成灾机理、变形破坏形式和特征、失稳条件和机制等进行全面系统的分析,进而评价崩滑体现阶段的稳定性,并预测其发展趋势,评价其失稳的必要条件、相关因素、失稳的可能性和失稳的规模、方式、方向,预测失稳的时间等。

灾害地质学是研究地质灾害的固有属性和特征、成灾条件、成灾动力、成灾因素、成灾机理、变形破坏形式和特征、突变失稳条件和过程,进而对其监测预报、防范治理的一门边缘科学。

2.危岩稳定性系数(F)计算法

在进行危岩稳定性计算之前,应根据危岩范围、规模、地质条件,危岩破坏模式及已经出现的变形破坏迹象,采用地质类比法对危岩的稳定性作定性判断。

危岩稳定性评价应给出危岩在设计工况下的稳定系数(F)和稳定状态。具体规定如下:

(1)设计工况的划分

①危岩稳定性计算所采用的工况可分为现状工况(工况1)、枯季工况(工况2)、暴雨工况(工况3)和地震工况(校核工况)。

上述各工况组成因素中,"现状"应是勘察期间的状态,"暴雨"应是强度重现期为20年的暴雨。

②危岩稳定性计算中各工况考虑的荷载组合应符合下列规定:

a. 对工况1、工况2和工况3,应考虑自重,同时,对滑移式危岩和倾倒式危岩应分别考虑现状裂隙水压力、枯季裂隙水压力和暴雨时裂隙水压力;

b. 对校核工况,应考虑自重和地震力,同时,对滑移式危岩和倾倒式危岩应考虑暴雨时裂隙水压力。

(2)危岩稳定性计算荷载的确定

危岩稳定性计算所采用的荷载可分为危岩自重、裂隙水压力和地震力(图6.7)。

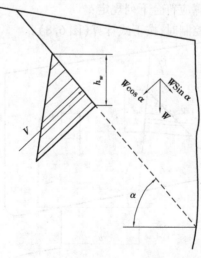

图6.7　滑移式危岩稳定性计算(后缘无陡倾裂隙)

①危岩自重可参考式(6.1),计算。

②裂隙水压力应按式(6.3),计算,裂隙充水高度对现状裂隙水压力应根据调查资料确定。对暴雨时裂隙水压力应根据汇水面积、裂隙蓄水能力和降雨情况确定。当汇水面积和蓄水能力较大时,可取裂隙深度的 $1/3 \sim 1/2$。

考虑降雨对危岩稳定性的影响,除应计算暴雨时裂隙水压力外,还应分析降雨引起的土体物质的迁移及上覆土层重度的增加。

③地震力可参考式(6.5)计算。

(3)不同破坏模式的危岩稳定性计算的规定

①滑移式危岩稳定性计算应符合下列规定:

a. 后缘无陡倾裂隙时按下式计算:

$$F = \frac{(W \cos \alpha - Q \sin \alpha - V) \cdot \tan \phi + Cl}{W \sin \alpha + Q \cos \alpha} \tag{6.24}$$

式中　F——危岩稳定性系数;

　　　V——裂隙水压力,kN/m,根据不同工况按式(6.3)计算;

　　　Q——地震力,kN/m,按式(6.5)确定,式中地震水平作用系数取0.05;

　　　C——后缘裂隙黏聚力标准值,kPb,当裂隙未贯通时,取贯通段和未贯通段黏聚力标准值按长度加权的加权平均值,未贯通段黏聚力标准值取岩石黏聚力标准值的0.4倍;

　　　ϕ——后缘裂隙内摩擦角标准值,(°),当裂隙未贯通时,取贯通段和未贯通段内摩擦角标准值按长度加权的加权平均值,未贯通段内摩擦角标准值取岩石内摩擦角标准值的0.95倍;

　　　α——滑面倾角,(°);

　　　W——危岩体自重,kN/m;

其余符号意义同前。

b. 后缘有陡倾裂隙、滑面缓倾时,滑移式危岩稳定性按式(6.17)计算。

②倾倒式危岩稳定性计算应符合下列规定:

a. 由后缘岩体抗拉强度控制时,按下式计算(图6.8):

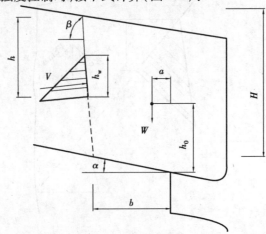

图6.8　倾倒式危岩稳定性计算示意图(由后缘岩体抗拉强度控制)

危岩体重心在倾覆点之外时:

$$F = \dfrac{\dfrac{1}{2}f_{lk} \cdot \dfrac{H-h}{\sin\beta}\left[\dfrac{2}{3}\dfrac{H-h}{\sin\beta} + \dfrac{b}{\cos\alpha}\cos(\beta-\alpha)\right]}{W \cdot a + Q \cdot h_0 + V\left[\dfrac{H-h}{\sin\beta} + \dfrac{h_w}{3\sin\beta} + \dfrac{b}{\cos\alpha}\cos(\beta-\alpha)\right]} \qquad (6.25)$$

危岩体重心在倾覆点之内时:

$$F = \dfrac{\dfrac{1}{2}f_{lk} \cdot \dfrac{H-h}{\sin\beta} \cdot \left[\dfrac{2}{3}\dfrac{H-h}{\sin\beta} + \dfrac{b}{\cos\alpha}\cos(\beta-\alpha)\right] + W \cdot a}{Q \cdot h_0 + V\left[\dfrac{H-h}{\sin\beta} + \dfrac{h_w}{3\sin\beta} + \dfrac{b}{\cos\alpha}\cos(\beta-\alpha)\right]} \qquad (6.26)$$

式中　h——后缘裂隙深度,m;

　　　h_w——后缘裂隙充水高度,m;

　　　H——后缘裂隙上端到未贯通段下端的垂直距离,m;

　　　a——危岩体重心到倾覆点的水平距离,m;

　　　b——后缘裂隙未贯通段下端到倾覆点之间的水平距离,m;

　　　h_0——危岩体重心到倾覆点的垂直距离,m;

　　　f_{lk}——危岩体抗拉强度标准值,kPb,根据岩石抗拉强度标准值乘以 0.4 的折减系数确定;

　　　α——危岩体与基座接触面倾角,(°),外倾时取正值,内倾时取负值;

　　　β——后缘裂隙倾角,(°)。

其余符号意义同前。

b. 由底部岩体抗拉强度控制时,按下式计算(图6.9):

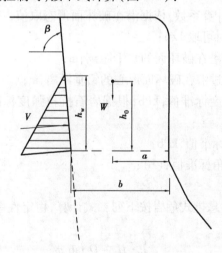

图 6.9　倾倒式危岩稳定性计算示意图(由底部岩体抗拉强度控制)

$$F = \dfrac{\dfrac{1}{3}f_{lk} \cdot b^2 + W \cdot a}{Q \cdot h_0 + V\left(\dfrac{1}{3}\dfrac{h_w}{\sin\beta} + b\cos\beta\right)} \qquad (6.27)$$

式中各符号意义同前。

③坠落式危岩稳定性计算应符合下列规定：

a. 对后缘有陡倾裂隙的悬挑式危岩按下列二式计算（图6.10），稳定性系数取两种计算结果中的较小值：

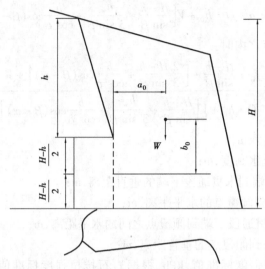

图6.10　坠落式危岩稳定性计算示意图（后缘有陡倾裂隙）

$$F = \frac{c(H-h) - Q \tan \phi}{W} \qquad (6.28)$$

$$F = \frac{\zeta \cdot f_{lk} \cdot (H-h)^2}{Wa_0 + Qb_0} \qquad (6.29)$$

式中　ζ——危岩抗弯力矩计算系数，依据潜在破坏面形态取值，一般可取 1/12 ~ 1/6，当潜在破坏面为矩形时可取 1/6；

　　　a_0——危岩体重心到潜在破坏面的水平距离，m；

　　　b_0——危岩体重心到过潜在破坏面形心的铅垂距离，m；

　　　f_{lk}——危岩体抗拉强度标准值，kPb，根据岩石抗拉强度标准值乘以 0.20 的折减系数确定；

　　　C——危岩体黏聚力标准值，kPb；

　　　ϕ——危岩体内摩擦角标准值，(°)；

其余符号意义同前。

b. 对后缘无陡倾裂隙的悬挑式危岩按下列二式计算，稳定性系数取两种计算结果中的较小值（图6.11）：

$$F = \frac{c \cdot H_0 - Q \tan \phi}{W} \qquad (6.30)$$

$$F = \frac{\zeta \cdot f_{lk} \cdot H_0^2}{W \cdot a_0 + Q \cdot b_0} \qquad (6.31)$$

式中　H_0——危岩体后缘潜在破坏面高度，m；

　　　f_{lk}——危岩体抗拉强度标准值，kPb，根据岩石抗拉强度标准值乘以 0.30 的折减系数确定；

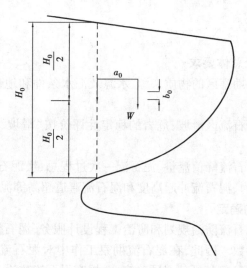

图 6.11 坠落式危岩稳定性计算示意图(后缘无陡倾裂隙)

其余符号意义同前。

(4)当危岩破坏模式难以确定时,应同时进行各种可能破坏模式的危岩稳定性计算。

(5)当危岩断面尺寸变化较大时,危岩稳定性计算应按空间问题进行。

(6)按危岩稳定系数(F_t)判断危岩稳定状态时,应符合表6.3的规定。

表 6.3 危岩稳定状态

危岩类型	危岩稳定状态			
	不稳定	欠稳定	基本稳定	稳定
滑移式危岩	$F<1.0$	$1.00 \leqslant F < 1.15$	$1.15 \leqslant F < F_t$	$F \geqslant F_t$
倾倒式危岩	$F<1.0$	$1.00 \leqslant F < 1.25$	$1.25 \leqslant F < F_t$	$F \geqslant F_t$
坠落式危岩	$F<1.0$	$1.00 \leqslant F < 1.35$	$1.35 \leqslant F < F_t$	$F \geqslant F_t$

注:(1)危岩稳定状态应根据定性分析和危岩稳定性计算结果综合判定。

(2)表中"F_t"为危岩稳定性安全系数。

(7)危岩稳定性安全系数应根据危岩崩塌防治工程等级和危岩类型按表6.4确定。

表 6.4 危岩稳定性安全系数

危岩类型	危岩崩塌防治工程等级					
	一级		二级		三级	
	非校核工况	校核工况	非校核工况	校核工况	非校核工况	校核工况
滑移式危岩	1.40	1.15	1.30	1.10	1.20	1.05
倾倒式危岩	1.50	1.20	1.40	1.15	1.30	1.10
坠落式危岩	1.60	1.25	1.50	1.20	1.40	1.15

三、泥石流灾害评价

（一）泥石流灾害评价总体要求

①泥石流勘察应根据勘察区的物质来源、水源及汇水条件和地形特征对泥石流形成的可能性进行预测。

②泥石流堆积体和泥石流区滑坡、危岩的稳定性评价按"滑坡、危岩稳定性评价"的规定执行。

③泥石流勘察应对泥石流峰值流量、泥石流一次过程总量、泥石流运动距离、泥石流整体冲击力、泥石流大块冲击力、泥石流冲起高度和泥石流弯道超高等泥石流特征值进行评价。

（二）泥石流特征值的确定

泥石流勘察必须为泥石流防治规划和防治工程设计服务，泥石流特征值是泥石流研究和防治工程中不可缺少的参数。因此，在泥石流勘察工作中对泥石流的流量、流速、动力学（冲击力、冲起高度和弯道超高）等特征值必须确定，并提交泥石流防治工程设计部门使用。

1. 泥石流流量的确定

泥石流流量包括泥石流峰值流量和泥石流一次过程量，它是泥石流防治的基本参数。

（1）泥石流峰值流量计算

1）形态调查法

形态调查法是首先在泥石流沟道中选择 2~3 个测流断面，断面选在沟道顺直、断面变化不大、无阻塞、无回流、断面上下沟槽无冲淤变化并具有清晰泥痕的沟段；然后确定泥位，并仔细查找泥石流过境后留下的痕迹；最后测量这些断面上的泥石流流面比降（若不能由痕迹确定，则用沟床比降代替）、泥位高度 H_c（或水力半径）和泥石流过流断面面积等参数。用相应的泥石流流速计算公式，求出断面平均流速 V_c 后，泥石流断面峰值流量 Q_c 即可用下式求得：

$$Q_c = W_c \cdot V_c \tag{6.32}$$

式中　Q_c——泥石流断面峰值流量，$\mathrm{m^3/s}$；

　　　W_c——泥石流过流断面面积，$\mathrm{m^2}$；

　　　V_c——泥石流断面平均流速，$\mathrm{m/s}$。

2）雨洪法

雨洪法是指在泥石流与暴雨同频率、同步发生、计算断面的暴雨洪水设计流量全都转变成泥石流流量的假设下建立的计算方法。

雨洪法的计算步骤是先按水文方法计算出断面不同频率下的小流域暴雨洪峰流量 Q_p（Q_p 的计算方法查阅水文手册），再选用下式计算泥石流洪峰值流量：

$$Q_c = (1 + \Phi_c) Q_p \cdot D_c \tag{6.33}$$

$$\Phi_c = \frac{\gamma_c - \gamma_s}{\gamma_H - \gamma_c} \tag{6.34}$$

式中　Q_c——频率为 C 的泥石流洪峰值流量，$\mathrm{m^3/s}$；

　　　Q_p——频率为 P 的暴雨洪水设计流量，$\mathrm{m^3/s}$；

　　　Φ_c——泥石流泥沙修正系数；

　　　γ_c——泥石流比重，$\mathrm{t/m^3}$；

　　　γ_s——清水的比重，$\mathrm{t/m^3}$；

γ_H——泥石流中固体物质比重,t/m^3;

D_c——泥石流堵塞系数,可查经验表(表6.5)。

表6.5　泥石流堵塞系数 D_c 值经验表

堵塞程度	特　征	堵塞系数
严重	河槽弯曲,河段宽窄不均,卡口、陡坎多,大部分支沟交汇角度大,形成区集中,物质组成黏性大、稠度高,沟槽堵塞严重,阵流间隔时间长	>2.5
中等	河槽较顺直,河段宽窄较均匀,卡口、陡坎不多,主支沟交汇角多小于60°,形成区不太集中,流体多呈稠浆、稀粥状,沟槽堵塞情况一般	1.5~2.5
轻微	河槽顺直均匀,基本无卡口、陡坎,支沟交汇角小,形成区分散,物质组成黏稠度小,阵流间隔时间短而少	<1.5

(2)一次泥石流过程总量计算

一次泥石流总量可通过计算法和实测法确定。实测法精度高,但往往不具备测量条件;计算法只是一个粗略的概算,它根据泥石流历时 T 和最大流量 Q_c,按泥石流暴涨暴落的特点,将其过程线概化成五角形(图6.12)。一次泥石流冲出的固体物质总量 W_H 可由下式计算:

$$W_H = \frac{\gamma_c - \gamma_s}{\gamma_H - \gamma_c} W_c \tag{6.35}$$

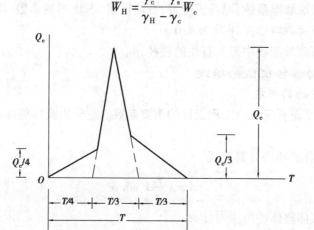

图6.12　概化泥石流流量过程线

2. 泥石流流速的确定

泥石流流速是决定泥石流动力学性质的最重要参数之一。不能确定泥石流流速,就不可能解决众多的泥石流工程整治问题。目前,泥石流流速计算公式为半经验或经验公式,概括起来一般分为稀性泥石流流速计算公式、黏性泥石流流速计算公式和泥石流中大石块运动速度计算公式3类。

(1)稀性泥石流流速计算公式

$$V_c = \frac{1}{\sqrt{\gamma_H \Phi_c + 1}} \cdot \frac{1}{n} R_c \cdot I^{\frac{1}{2}} \tag{6.36}$$

式中　$\dfrac{1}{n}$——清水河槽糙率；

γ_H——固体物质比重，一般为 $2.4 \sim 2.7$ t/m³；

R_c——固体颗粒直径，m；

I——河床水力坡度。

（2）黏性泥石流流速计算公式

$$V_c = \frac{1}{n_c} \cdot H_c \cdot I_c \tag{6.37}$$

式中　V_c——泥石流断面平均流速，m/s；

n_c——黏性泥石流的河床糙率，用内插法，查地质灾害勘察规范"黏性泥石流糙率表"；

H_c——计算断面的平均泥深，m；

I_c——泥石流水力坡度，‰，一般可用沟床纵坡代替。

（3）泥石流中大石块运动速度计算公式

在缺乏大量实验数据和实测数据的情况下，为便于以堆积后的泥石流冲出物最大粒径大体推求石块运动速度，C.M·弗莱施曼推荐公式：

$$V_c = a \sqrt{d_{\max}} \tag{6.38}$$

式中　V_c——泥石流中大石块的移动速度，m/s；

a——全面考虑摩擦系数、泥石流容重、石块比重、石块形状系数、沟床比降等因素的参数，$3.5 \leqslant a \leqslant 4.5$，$a$ 平均为 4.0；

$d_{\max}$——泥石流堆积物中最大石块的粒径，m。

3. 泥石流动力学特征值的确定

（1）泥石流冲击力的确定

泥石流冲击力是泥石流防治工程设计的重要参数。它分为流体整体冲压力和个别石块的冲击力两种。

1）泥石流体整体冲压力计算公式

$$\delta = \lambda \frac{\gamma_c}{g} V_c \sin \alpha \tag{6.39}$$

式中　δ——泥石流体整体冲击压力，Pa；

λ——建筑物形状系数，圆形建筑物 $\lambda = 1.0$、矩形建筑物 $\lambda = 1.33$、方形建筑物 $\lambda = 1.47$；

γ_c——泥石流容重，t/m³；

V_c——泥石流流速，m/s；

g——重力加速度，m/s²，取 $g = 9.8$ m/s²；

α——建筑物受力面与泥石流冲压力方向的夹角，（°）。

2）泥石流体中大石块的冲击力（F）计算公式

概化为悬臂梁的形式，即

$$F = \sqrt{\frac{48EJV^2}{gL^3}} \cdot \sin \alpha \tag{6.40}$$

概化为简支梁的形式，即

$$F = \sqrt{\frac{48EJV^2W}{gL^3}} \cdot \sin\alpha \qquad (6.41)$$

式中　F——泥石流体中大石块的冲击力,Pa;

E——构件弹性模量,Pa;

J——构件截面中心轴的惯性矩;

L——构件长度,m;

V——石块运动速度,m/s;

W——石块重量,t;

g——重力加速度,m/s^2,取 $g=9.8$ m/s^2;

α——建筑物受力面与泥石流冲压力方向的夹角,(°)。

(2)泥石流冲起高度的确定

据观察,假定泥石流流速为 V_c,那么泥石流最大冲起高度 ΔH 可按下式计算:

$$\Delta H' = \frac{V_c^2}{2g} \qquad (6.42)$$

泥石流在爬高过程中由于受到沟床阻力的影响,其爬高 $\Delta H'$ 可按下式计算:

$$\Delta H' = \frac{bV_c^2}{2g} \approx 0.8\,\frac{V_c^2}{g} \qquad (6.43)$$

式中　ΔH——泥石流最大冲起高度,m;

$\Delta H'$——泥石流最大冲起高度,m;

V_c——泥石流流速,m/s;

g——重力加速度,m/s^2,取 $g=9.8$ m/s^2;

b——泥石流迎面坡度的函数。

(3)泥石流的弯道超高

由于泥石流流速快、惯性大,因此,在弯道凹岸处有比水流更加显著的弯道超高现象。根据弯道泥面横比降动力平衡条件,推导出计算弯道超高的公式:

$$\Delta h = 2.3\,\frac{V_c^2}{g} lg\,\frac{R_2}{R_1} \qquad (6.44)$$

式中　Δh——泥石流弯道超高,m;

R_2——凹岸曲率半径,m;

R_1——凸岸曲率半径,m;

V_c——泥石流流速,m/s;

g——重力加速度,m/s^2,取 $g=9.8$ m/s^2。

四、岩溶塌陷灾害稳定性评价

岩溶塌陷稳定性的评价包括塌陷堆积体(简称塌陷体)、土洞、浅埋岩溶洞隙 3 个方面的稳定性评价。

(一)塌陷体的稳定性评价

塌陷体的稳定性主要根据塌陷的微地貌特征、堆积物的性状及地下水埋藏与活动情况等因素进行定性评价(表6.6)。

（二）土洞的稳定性评价

1. 土洞稳定性的定性评价

土洞的稳定性主要取决于土洞的发育状况及其埋藏深度。土洞的发育状况可分为正在持续扩展的土洞、正在间歇性地缓慢扩展的土洞、处于休止状态的土洞、处于消亡状态的土洞，其稳定性的定性评价见表6.7。

表6.6　塌陷体稳定性的定性评价

稳定性分级	塌陷微地貌	堆积物性状	地下水埋藏及活动情况	说　明
不稳定	塌陷尚未或已受到轻微充填改造，塌陷周围有开裂痕迹，坑底有下沉开裂迹象	疏松，呈软塑至流塑状	地表水汇集入渗，有时见水位，地下水活动较强烈	正在活动的塌陷或呈间隙缓慢活动的塌陷
基本稳定	塌陷已部分充填改造，植被较为发育	疏松或稍密，呈软塑至可塑状	其下有地下水流通道，有地下水活动迹象	接近或达到休止状态的塌陷，当环境改变时可能复活
稳定	塌陷已完全被充填改造，植被发育良好	较密实，主要呈可塑状	无地下水活动迹象	进入消亡状态的塌陷，一般不会复活

表6.7　土洞稳定性的定性评价

稳定性分级	土洞发育状况	土洞顶板埋深（H）或其与安全临界厚度之比（H/H_0）	说　明
不稳定	正在持续扩展		正在活动的土洞，因促进其扩展的动力因素在持续作用，不论其埋深多少，都具有塌陷的趋势
	间隙性缓慢扩展		
基本稳定	休止状态	$H < 10$ m 或 $H/H_0 < 1.0$	不具备极限平衡条件，具塌陷趋势
		10 m $< H < 15$ m $1.0 < H/H_0 < 1.5$	基本处于极限平衡状态，当环境条件改变时可能复活
		$H \geq 15$ m 或 $H/H_0 \geq 1.5$	超稳定平衡状态，复活可能性小
稳定	消亡状态		一般不会复活

从表6.6可知：处于休止状态的土洞其稳定性主要取决于土洞顶板埋深或其与安全临界厚度之比。前者作为定性评价的指标，是一个概略的经验值。

2. 土洞稳定性的半定量评价

土洞稳定性的半定量评价主要是计算土洞顶板的安全临界厚度。由于受勘探测试手段的限制，很难查清土洞的实际形态和取得完全符合实际的土体物理力学参数，因此，其计算是半定量的。

（1）成拱分析法（普罗特尼可夫塌落拱理论）

当洞隙顶板岩体被密集裂隙切割呈块状或碎块状时，或处于松散层中的土洞，可认为顶板将成拱形塌落，而其上荷载及岩、土体则由拱自身承担（图6.13）。此时，破裂拱高 h 为：

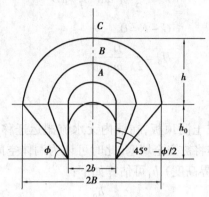

图 6.13 成拱分析法示意图

A—天然拱；B—压力拱；C—破坏拱

$$h = \frac{f + h_0 \tan(90° - \phi)}{\tan \phi} \qquad (6.45)$$

式中 h——破裂拱高安全临界高度，m；

h_0—洞隙高度，m；

ϕ——内摩擦角，(°)；

f——坚固系数，普氏系数。

（2）坍塌平衡法

土洞顶板土体的平衡条件（图6.14）是：

$$G - 2F = 0$$

$$G = \gamma H_0 D$$

$$F = \frac{\gamma H_0}{2} \lambda \tan \phi \qquad (6.46)$$

$$\lambda = \tan^2\left(45° - \frac{\phi}{2}\right)$$

$$H_0 = \frac{D}{\lambda \tan \phi}$$

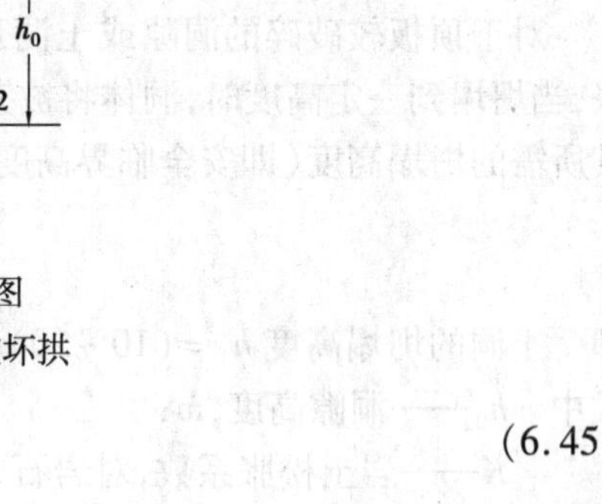

图 6.14 坍塌平衡法示意剖面

式中 G——$ABDC$ 土体自重；

F——侧壁摩擦阻力；

H_0——极限平衡时的顶板厚度（安全临界厚度）；

D——土洞跨度；

γ——土体密度；

λ——侧压力系数；

ϕ——内摩擦角。

如果是圆形土洞，洞径为 D，则其安全临界厚度为：

$$G = \frac{\pi}{4}D^2\gamma H_0$$

$$F = \frac{\gamma H_0^2}{2}\lambda \, \tan \phi \cdot \pi D \tag{6.47}$$

$$G - F = 0$$

$$H_0 = \frac{D}{2\lambda \, \tan \phi}$$

式中符号意义同上。

（3）顶板坍塌堵塞法

对于顶板较破碎的洞隙或土洞顶板,在洞内无水流搬运迁移的情况下,坍落后其体积松胀,当坍塌到一定高度时,洞体将被完全堵塞,此时可认为洞体空间已被支撑,不再向上扩展。其所需的坍塌高度（即安全临界高度）h_1 可估算如下:

$$h_1 = \frac{h_0}{K-1} \tag{6.48}$$

即　土洞的坍塌高度 $h_1 = (10 \sim 20)h_0$。

式中　h_0——洞隙高度,m;

　　　K——岩土松胀系数,对岩石 $K = 1.1 \sim 1.3$,对土 $K = 1.05 \sim 1.1$。

（三）浅埋岩溶洞隙的稳定性评价

1.浅埋岩溶洞隙稳定评价的原则

当岩溶洞隙基岩顶板厚度过薄或软弱破碎时,将会丧失稳定而垮塌。如果基岩埋藏较浅、覆土厚度不大,则可能造成地面塌陷,成为基岩塌陷。因此,对浅埋的岩溶洞隙,需要进行稳定性评价,确定洞隙埋深值——除主要受洞隙规模影响外,还受基岩埋深、覆土的岩性结构与性状及地下水位埋深等因素的影响,一般可考虑为 $10 \sim 20$ m。当上述因素的组合有利于洞隙的稳定时,可考虑选用小值;当各因素的组合不利时,可考虑选用大值;在一般情况下,也可考虑选用中间值 15 m。

洞隙稳定性的评价一般采用定性评价与半定量评价相结合的方法。定性评价是洞隙稳定条件的地质分析,是评价的基础;半定量评价尽管计算方法比较严密,但限于条件的概化难以完全符合实际,其边界和参数的确定也难以达到足够的精度,只能起到补充和核对的作用。

2.洞隙稳定性的定性评价

根据洞隙的稳定条件和影响稳定的各种因素,应综合分析评价其稳定性（表6.8）。

3.洞隙稳定性的半定量评价

（1）洞隙顶板的安全厚度评价

对于比较完整的微风化坚硬岩石组成的洞隙顶板,根据大量的洞隙地基工程实例调查统计,其安全厚度（h）主要与洞跨（l）有关,一般洞隙厚跨比 $h/l \geqslant 1$,即为稳定安全。

（2）结构力学近似分析法

1）按洞隙顶板抗弯厚度计算

首先,根据板梁受力情况,按下列情况计算其受力弯矩（M）:

①当顶板跨中有裂缝但顶板两端支座岩石坚固完整时,按悬臂梁计算,见式（6.49）。

表 6.8 浅埋岩溶洞隙稳定性的定性评价

因 素	对稳定有利	对稳定不利
岩性及层厚	厚层块状碳酸岩;胶结好的碎屑岩;轻微风化的岩浆岩、变质岩	薄层状泥质碳酸岩、碎屑岩;强风化的岩浆岩、变质岩
溶蚀及裂隙状况	溶蚀轻微,无断裂,裂隙不发育或充填胶结好	溶蚀破碎的碳酸岩,断层裂隙发育的其他岩体、被两组以上的裂隙切割、裂缝张开
岩层产状	岩层走向与洞轴正交或斜交,倾角平缓	岩层走向与洞轴平行,倾角陡
洞隙形态与埋藏条件	洞体小、呈竖向延伸的井状,单体分布、埋藏深、覆土厚	洞径大、呈扁平状,复体相连,埋藏浅
顶板情况	顶板岩层厚度与洞径比值大、呈板状或拱状,可见钙质沉积	顶板岩层厚度与洞径比值小、有悬挂岩体,被裂隙切割且未胶结
充填情况	为密实沉积物填满且无被水冲蚀的可能	未充填或半充填,水流冲蚀着充填物,洞底见有近期塌落物
地下水	无或地下水活动微弱	有活动强烈的水流或间隙性水流,流速大,有承压性

②当裂隙位于支座处,而顶板较完整时,按简支梁计算,见式(6.48)。

③若支座和顶板岩石均较完整,裂隙胶结良好时,按两端固定梁计算,见式(6.49)。

$$M = \frac{1}{4}ql^2 \tag{6.49}$$

$$M = \frac{1}{8}ql^2 \tag{6.50}$$

$$M = \frac{1}{12}ql^2 \tag{6.51}$$

式中 M——弯矩,kN·m;

q——顶板所受总荷载,$q = q_1 + q_2 + q_3$,其中 q_1 为顶板厚为 h 的岩石自重,q_2 为顶板覆土层自重,q_3 为顶板上附加荷载,kN/m;

l——洞隙跨度,m。

其次,进行抗弯验算:

$$\sigma = \frac{M}{W} \leqslant [\sigma]$$

对于巨型梁:$W = \frac{bh^2}{6}$

故

$$h \geqslant \sqrt{\frac{6M}{b[\sigma]}} \tag{6.52}$$

式中 M——弯矩,kN·m;

h——顶板岩层厚度,m;

σ——弯曲应力,kPa;

$[\sigma]$——抗弯强度,kPa,对灰岩一般取抗压强度的 $1.10 \sim 0.125$ kPa;

b——梁板的宽度,m。

2)按洞隙顶板抗剪的安全厚度(h')验算

由下列极限平衡条件计算顶板厚度:

$$F + G = Uh'f_{rv} \tag{6.53}$$

式中　F——上部荷载传至顶板的竖向力,kN;

G——顶板岩土自重,kN;

U——洞体顶板处平面周长,m;

h'——洞隙顶板抗剪的安全厚度,m;

f_{rv}——顶板岩体的抗剪强度,对灰岩一般取抗压强度的 $0.06 \sim 0.13$ kPa。

五、塌岸灾害预测评价

(一)塌岸灾害预测

1. 塌岸勘察应对塌岸宽度和高度进行预测

必要时应进行塌岸发展速度、岸坡波浪高度和岩土体入河(库)造成的涌浪高度进行预测。

2. 对每条垂直河(库)岸的纵向勘探剖面均应进行塌岸宽度和高度预测

①非侵蚀性均质土质岸坡塌岸宽度可按如图 6.15 所示的图解方法进行预测,也可按公式确定:

$$S = \frac{A + H_P + H_b}{\tan \alpha} + \frac{H_S - h_1 - H_b}{\tan \beta} - \frac{A + H_P}{\tan \gamma} \tag{6.54}$$

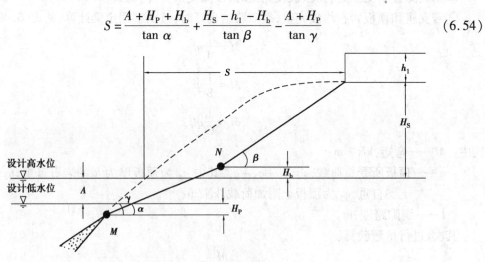

图 6.15　塌岸预测图

S—塌岸宽度,m; A—水位变幅,m;H_b—设计高水位以上波浪爬高,m;H_P—设计低水位以下的波浪
影响深度,m;H_S—设计高水位以上坡高,m;α—水位变动带稳定坡角,(°);β—水上稳定坡角,(°);
γ—原始岸坡坡角,(°);h_1—黏性土斜坡上部垂直陡坎坎高,m,根据土力学计算确定

a. 设计高水位以上波浪爬高(H_b)可按下式计算：

$$H_b = 3.2 K_d \cdot h \cdot \tan \alpha \tag{6.55}$$

式中　H_b——波浪爬高,m;

　　　K_d——与被冲蚀岸坡表面粗糙度有关的系数,沙质岸坡取 0.55~0.75、抛石岸坡取
　　　　　0.78~0.80、砾石质岸坡取 0.85~0.90、混凝土岸坡取 1;

　　　h——浪高,m,一般可取 0.5 m;

其余符号意义同前。

b. 设计低水位以下波浪影响深度(H_P)可取 1~2 倍浪高,即浪高取 0.5 m 时,波浪影响深度可取 1 m。

c. 新水库岸坡稳定坡角,宜按地质条件类似、成库时间较长的水库岸坡稳定坡角取值。当无此类水库可供借鉴时,河流在天然条件下年均洪水位以上的稳定坡角可视为水库运行后的水上稳定坡角(β);河流在天然条件下枯水位至年均洪水位之间的稳定坡角可视为水库运行后的水位变动带的稳定坡角(α)。

②非侵蚀性非均质土质岸坡塌岸宽度应参照图 6.15,从设计低水位以下的波浪影响最低高程起向上按不同土体稳定坡角依序作图预测。

③侵蚀性土质岸坡塌岸宽度预测时应考虑水下塌岸对塌岸宽度的影响。塌岸宽度预测可采用佐洛塔廖夫法、平和剖面法等方法。

④岩质岸坡的塌岸应根据岸坡地质结构、岸坡天然坡高、坡角、裂隙组合与坡向的关系进行预测并应符合下列规定:

a. 岸坡为逆向或斜向坡、外倾裂隙不发育且岸坡天然坡角小于 35° 时,一般不会产生塌岸。

b. 岸坡为逆向或斜向坡、岸坡高陡、各种结构面的组合可形成危岩体时,会产生局部崩塌,但不会产生大范围塌岸。

c. 岸坡为顺向坡、外倾裂隙发育且岸坡坡角大于结构面倾角时,可能产生较大范围的塌岸。

d. 强风化软岩、极软岩及极破碎岩层等岩质岸坡,塌岸预测可参照土质岸坡塌岸预测方法进行。

⑤滑移型(含变形区内的潜在滑移型)塌岸预测应符合"滑坡稳定性评价"的规定。当滑坡稳定系数小于安全系数时,塌岸宽度应算至滑坡后缘边界。

(二)塌岸灾害评价

塌岸评价应包括以下主要内容:

①岸坡岩土体类型。

②塌岸的破坏模式。

③塌岸强烈程度。

④塌岸对岸坡稳定性的影响。

⑤塌岸对房屋建筑、道路、港口、码头等设施的危害。

⑥塌岸对水库淤积的影响。

⑦塌岸岩土体入河(库)形成涌浪致灾的可能性。

第二节　各类地质灾害危险性评估及防治工程论证

一、崩塌灾害危险性分析、灾情预评估、防治工程论证

(一)崩塌灾害危险性分析及灾情预评估的含义、目的

危险性分析是在稳定性评价的基础上对崩塌体成灾的可能性和发生的概率进行分析评价;灾情预评估是对崩塌灾害可能产生的直接经济损失、间接经济损失、威胁人员及伤亡人数及产生的社会影响、环境影响进行分析评价,评判灾害程度(灾损度)。崩塌灾害危险性分析及灾情预评估的目的是为崩塌灾害的防治决策和防治方案选择提供依据。

(二)崩塌灾害危险性分析

1. 崩塌灾害危险性分析的内容

崩塌灾害危险性分析的内容包括崩塌体稳定性安全系数(K)、致灾因素发生的概率、受灾对象、灾害体与致灾因素遭遇的概率和崩塌灾害目前发育阶段及监测预报分析等。

2. 崩塌体稳定性安全系数(K)的取值

安全系数(K)不等同于稳定系数(F)。安全系数是人为对地质灾害成灾可能性设定的评价标准和系数。从理论上讲,$K = F = 1$ 即无危险,可达到理论上的安全。但由于自然界的复杂性和人类认识的局限性,存在着由地质模型、力学模型和参数取值的不确定性导致的评价误差,因此,安全系数的界限值应将这些可能存在的评价误差考虑进去。设误差值为 u,则:

$K > 1 + u$,无危险;$1 < K < 1 + u$,略危险;

$1 > K > 1 - u$,较危险;$K < 1 - u$,危险。

u 的取值应视计算评价方法的成熟、准确程度、灾害的危险性、重要性而有所差异。一般对崩塌(岩崩)宜取 $0.15 \sim 0.20$。

3. 主要致灾因素发生的概率

致灾因素发生的概率,可用主要致灾动力达到致灾强度的概率来表示。

①暴雨型崩塌或在暴雨条件下激发的崩塌,当其阈值与某种降雨强度(或降雨时间)相当时,可将该降雨发生的概率作为该崩塌发生的概率。

②当崩塌在某级地震条件下稳定性系数小于1,则可将该级地震的发生概率作为崩塌发生的概率;当崩塌伴生强降雨和强地震叠加的条件下 K 值才小于1,则其发生概率应为该强度的降雨概率与地震概率之积。

4. 受灾对象与致灾作用遭遇的概率

①受灾对象与致灾作用遭遇的概率,可用受灾对象的存在或使用年限与致灾作用的年发生概率之积求得:

$$P = R \cdot T \tag{6.56}$$

式中　　P——受灾对象与致灾作用遭遇的概率;

T——致灾作用的年发生概率;

R——受灾对象的存在年限。

②凡可迁移的,如居民、公路、铁路、输电线路、通信线路等,其遭灾概率取决于不搬迁年

限,其每年的遭灾概率即是致灾作用的年发生概率。

③永久性存在的,如土地、水路等,只要致灾作用在其上发生,其遭灾概率为100%。

5．监测资料进行分析

应对长期监测资料进行分析,判断目前所处的变形阶段,根据预报模型初步预测成灾可能发生的时段。

(三)崩塌灾害灾情预评估

1．力求准确划定灾害范围

(1)灾害范围

①崩塌体自身的范围。

②崩塌体运动所达到的范围。

③崩塌派生灾害的危害范围。

(2)灾害范围确定时应考虑的条件

①稳定性评价中对崩塌方式、规模及运动特征的预测评价。

②崩塌体的运动速度和加速度,在峡谷区产生气垫浮托效应,折射回弹和多冲程的可能性。

③应具体分析派生灾害波及的范围。对于堵江、涌浪和水利设施被破坏等,应对不同水位、流量等条件下,崩塌入江(入库)的规模、速度所产生的灾害进行分析。

④应充分考虑在恶劣条件(地震、暴雨等)下的放大效应所波及的范围。

2．灾情预评估的内容

①灾害范围内可能造成的直接经济损失,包括由崩塌及其派生灾害造成的直接遭受破坏的土地、水域范围内所有设施,财物和资源的经济价值,如建筑设施、工矿企业、工程设施、公路、铁路、桥梁等交通设施、输电、通信线路、各种管道、河道、水源、水库等水利设施、文物古迹和人文景观等。

②崩塌灾害造成的间接经济损失主要包括工矿停产、减产、产品积压、农业减产、商业旅游业下降、交通中断、通信中断和能源中断等。

③威胁人员及造成人员伤亡人数。

④社会损失及环境破坏。环境破坏包括对自然环境、生态环境、地质环境的损失。社会损失包括对社会产生的影响,如人心慌乱、治安状况下降、投资信誉降低、社会保障心理下滑及政治上的影响。

⑤灾度分级。一般按五级划分灾度(表6.9)。必要时,可根据具体情况提出地区性灾度分级标准。

表6.9 灾度分级

灾度名称代号	经济损失/元 (含直接、间接两种)	威胁人数/人	危害设施
巨灾(A级)	>1亿	>1万	大城市、大型厂矿企业、大型工程水利设施、国家重点交通通信、能源干线、国家级重点开发项目等
特大灾(B级)	1亿~1 000万	1万~1 000	

续表

灾度名称代号	经济损失/元 （含直接、间接两种）	威胁人数/人	危害设施
大灾（C级）	1 000 万~500 万	1 000~100	中等城市、中型厂矿企业、中型工程水利设施和交通通信、能源干线、省市级开发项目等
中灾（D级）	500 万~100 万	<100	小城镇居民点、小型厂矿企业、小型工程水利设施、县级交通等
小灾（E级）	<100 万		

（四）崩塌的防治

崩塌的防治遵循以防为主的原则，如图6.16—图6.18所示。

1.预防措施

对有可能发生大、中型崩塌的地段，应尽量避开。对可能发生小型崩塌或落石的地段，应视地形条件，进行技术经济比较，确定绕避还是设置防护工程。

（a）

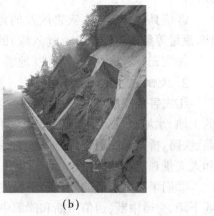
（b）

图6.16　危岩支顶

2.整治措施

①清除危岩、刷坡、削坡。

②支顶工程：支护、支顶。

③防护和加固工程：锚固、灌浆、镶补沟缝、挂网喷浆、钢索拉纤。

④拦截工程：落石平台、落石槽、拦石堤、拦石墙。

⑤遮挡工程：明洞、棚洞等。

⑥排水。

⑦植被防护。

⑧半旱桥。

⑨综合治山。

图 6.17　柔性网边坡防护

(a)挂网喷混凝土+垫墩锚杆防护　　(b)主动网+垫墩锚杆防护　　(c)拱形骨架护坡

图 6.18　综合防护措施

二、滑坡灾害危险性分析、灾情预评估、防治工程论证

(一)滑坡灾害危险性分析

滑坡勘察完毕后,应进行滑坡危险性分析,即根据滑坡稳定性评价结论,分析确定滑坡目前的危险程度。

①严重危险的将发生整体滑动,危害性巨大,急需采取躲避或防治措施。

②中等危险的将发生部分滑动,危害性较大,需采取躲避或防治措施。

③一般危险的将发生局部滑动,有一定危害性,采取局部防治措施。

④无危险的目前滑坡是稳定的,注意控制影响滑坡的因素。

(二)滑坡灾害造成的损失及影响评价

滑坡灾害造成的损失及影响评价包括以下 7 个方面:

①人类生命安全。

②社会安定与政府形象。

③环境变化。

④社会经济的可持续发展。

⑤直接经济损失。

⑥自然与人为遗产。

⑦地球表层生态。

(三)滑坡灾害灾情评估

1994 年《世界灾情调查报告》提出,世界上发生的大灾害在过去 30 年(1963—1992)内增加了两倍。"大灾害"的判定标准是:

①财产损失超过该国年国民生产总值的 1%。

②受灾者人数超过该国人口的 1%。

③死亡人数超过 100 人。除地震外,其他地质灾害一般不足上述①和②的标准。

滑坡灾情评估可参考"滑坡类地质灾害损失分级":

①按滑坡地质灾害造成的直接经济损失划分为三级(表 6.10)。

②按滑坡灾害受灾(或威胁)对象等级划分(表 6.11)。

表 6.10　滑坡地质灾害造成的直接经济损失划分

滑坡灾害分级	死亡人数或直接经济损失	备　注
特大级(一级)	死亡人数在 100 人以上或直接经济损失在 1 000 万元以上者	由国家国土资源管理部门协调
重大级(二级)	死亡人数在 30～100 人或直接经济损失在 1 000～100 万元	由省、直辖市、自治区国土资源管理部门协调
一般级(三级)	死亡人数在 30 人以下或直接经济损失在 100 万元以下	由地(市)国土资源管理部门协调

表 6.11　滑坡灾害受灾(或威胁)对象等级划分

等　级	一　级	二　级	三　级
受灾(或威胁)对象	大城市(人口 50 × 104 以上)、国家重点企业(含军工、国防)、城市生命线工程	中、小城市(县级以上)、国家级水陆交通工程、省级工矿企业、城市生命线工程	镇、乡、村居民点,乡镇厂矿企业,当地水陆交通线,商品粮基地

(四)滑坡灾害防治工程论证

根据滑坡勘察评价结论,研究论证滑坡防治的可行性,有针对性地制订滑坡防治工程方案。常用的方案有以下 6 类:

①避让法。对于结构复杂、变形剧烈、实施防治工程经济上不合理或技术上难度大的滑坡,宜采取避让方案。

②地表水或地下水排除法。该法适用于受地表水入渗或地下水运动影响显著的滑坡。

③削方减载法。对于具有推移式或相似变形机制的滑坡,可采用在其后缘削方减载,在其

前部堆载反压的措施,即通过改变滑坡外貌形态,达到使滑坡稳定的目的。

④支挡法。采用挡墙、抗滑桩等被动受力方法,阻挡滑坡的移动。

⑤锚固法。采用锚索或锚杆等,强制改变滑坡体内的应力状态,促使滑坡稳定。

⑥注浆法。通过钻孔向滑动面或滑动带内注入水泥浆或其他化学浆液,增强抗滑效果。

三、泥石流灾害未来危险评估、防治工程论证

(一)泥石流灾害发展趋势分析

1. 泥石流发生的准周期性

泥石流发生具有突然性,两次泥石流之间具有一定的间歇期。泥石流活动的准周期性是泥石流防治工程设计的依据,目前只能按触发因素的大小和频率(如暴雨量和频率)计算泥石流发生的规模和频率。

2. 控制泥石流发展趋势的因素

(1)气候

研究分析沟域气候变化的周期性,重点分析温度和降水的变化。温度的高低和降水的丰、枯变化在时间上是同步进行的。水热组合呈现湿热、湿冷、干热和干凉的不同气候特征,对泥石流沟域固体物质的储集有不同的影响。

(2)地震

地震对于泥石流活动的明显作用是因为地震"三要素"(震中、震时、震级)对应着泥石流形成的"三个基本条件"(地形、水分、松散固体物质)。地震时(特别是雨季中)可以触发沟域发生滑坡、崩塌并形成泥石流。地震发生具有准周期性也影响着泥石流活动的周期性。

(3)松散固体物质

松散固体物质积累速率控制着泥石流活动及其规模,积累方式有长期积累一次输走的特点,如风化剥蚀聚集于斜坡上的松散物质经一次暴雨过程大部分带入沟中。还有一种方式是一次积累多次输走,如滑坡阻塞后经多次洪水带走。

(4)森林植被

森林植被覆盖率的不断降低预示着沟域荒坡增多,松散物源量扩大,斜坡径流增加,更有利于泥石流的产生。

(5)人类工程活动

沟域人口增多,经济活动加剧,如超过地质环境容量,必将造成环境恶化,使泥石流不断发展。

3. 泥石流发展趋势评估

根据控制泥石流发展趋势的气候、地震、松散固体物质积累速率、森林植被增减和人类工程活动5大因素,经综合比较分析,确定未来(今后50~100年)泥石流的发展阶段、泥石流暴发频率、泥石流规模(50年重现期或100年重现期)。

(二)泥石流灾害危害程度评估

1. 危害范围和危害对象确定

根据泥石流发展趋势分析,实地圈划出未来泥石流(50或100年重现期)可能淹没的范围。该范围内的居住人群及全部工农业、交通、电力、城市等设施及文化景观均定为可能危害对象。

2．经济评估

对危害范围内各企事业单位、各经济实体所属的资产(土地、设备、产品等)进行统计并列出清单,综合评估其资产总值(折算为人民币,元)及经济效益指标。该项工作可委托当地有关部门或会计师事务所完成。

3．社会评估

对危害范围内居住人口现状进行调查统计,了解人口分布、劳动力素质等指标;了解该区社会发展规划(近期10年为主)。综合评估未来10～50年社会发展水平。

4．人口财产可能损失评估

根据泥石流历次危害损失,结合可能危害区的经济、社会现状及发展规划,确定今后一定时期内泥石流的最大灾度(%),即可能损失的人口或财产占总人口或财产的比值。估算出泥石流可能造成的直接经济损失(折算为人民币,元)。

5．人文景观可能损失评估

综合评估泥石流对危害区自然风景(地质景观、地貌景观、植被景观)、文化名胜(遗址、古建筑)的危害,如侵蚀、冲刷、淹没等的范围和程度。评估文物风景的价值(历史价值、考古价值、观赏价值、知名价值等)。估算泥石流对人文景观的可能毁坏程度,如局部剥落或整体垮塌或被淤埋。研究被动保护措施(加固人文景观)的可行性和投资以及对人文景观的不利影响。对比优选主动保护措施(防治泥石流)。

6．堵江断道可能损失评估

分析泥石流活动堵塞或滑崩堵断河道的可能性及堵塞规模(物质方量、堵塞坝高等)。研究堵塞坝库区范围及淹没损失,堵塞坝溃决造成大规模泥石流(或洪水)的危害范围,评估其可能造成的财产损失。对于通航河道还要评价可能断航的时间长短,以及影响的航运量。泥石流冲(淤)断铁路的直接经济损失及影响通车造成的运输量减少的损失。

(三)泥石流灾害防治方案及减灾措施

泥石流防治遵循预防为主、以避为宜、以治为辅,防、避、治相结合的方针。

(1)生物措施

泥石流防治的生物措施包括恢复植被和合理耕牧。

(2)工程措施

泥石流防治的工程措施是在泥石流的形成、流通、堆积区内,相应采取蓄水、引水工程,拦挡、支护工程,排导、引渡工程,停淤工程及改土护坡工程等治理工程,以控制泥石流的发生和危害。

泥石流防治的工程措施通常适用于泥石流规模大、暴发不很频繁、松散固体物质补给及水动力条件相对集中、保护对象重要、要求防治标准高、见效快、一次性解决问题等情况。

(3)全流域综合治理

泥石流的全流域综合治理,目的是按照泥石流的基本性质,采用多种工程措施和生物措施相结合,上、中、下游统一规划,山、水、林、田综合整治,以制止泥石流形成或控制泥石流危害。这是大规模、长时期、多方面协调一致的统一行动。综合治理措施主要包括以下3个方面:

①稳。主要是在泥石流形成区植树造林,在支、毛、冲沟中修建谷场,其目的在于增加地表植被、涵养水分、减缓暴雨径流对坡面的冲刷,增强坡体稳定性,抑制冲沟发展。

②拦。主要是在沟谷中修建挡坝,用以拦截泥石流下泄的固体物质,防止沟床继续下切,

抬高局部侵蚀基准面,加快淤积速度,以稳住山坡坡脚,减缓沟床纵坡降,抑制泥石流的进一步发展。

③排。主要是修建排导建筑物,防止泥石流对下游居民区、道路和农田的危害。这可改造和利用堆积扇,发展农业。

第三节　地质灾害勘察资料整理、图件编制及勘察报告编写

资料整理、图件编制及勘察报告编写是地质灾害防治工程勘察工作的重要组成部分,是勘察成果质量的最终体现,它直接关系地质灾害防治工作的成败,必须给予足够的重视,编写能够反映地质灾害实际情况的勘察报告,为监测预报、减灾防灾、防治工程可行性研究和工程设计提供可靠的依据。

资料整理、图件编制及勘察报告编写的任务是将获得的众多的原始资料全面系统地进行综合整理,明确所勘察的地质灾害的地质要素、灾害要素、环境要素,确定其地质模型、地质力学模型、力学参数、形成机制及变形破坏特征,评价其稳定性,进行危险性分析和灾情预评估,分析环境地质体及持力岩(土)体,评价其防治条件,进行防治方案的选择和防治论证。通过分析、总结、反馈与研究,编制地质图和勘察报告反映出勘察成果。

一、地质灾害勘察的资料整理

(一)野外验收前的资料整理

野外验收前的资料整理是指在野外工作结束后转入内业整理之前在野外现场进行的资料整理。要求全面系统地核查资料的完备程度,检查其质量,整理誊清野外工作手图,编写各单项勘察应提交的图、表和单项报告。对于资料的核查,应进行二级审签(校核、审查)。对疏漏错误的应进行现场调查补充修改,并记录在案。

(二)最终成果资料整理

①在野外验收后转入内业整理时进行,要求全面、系统地进行整理和综合分析研究,努力提高勘察成果的质量和水平。

②对各单项勘察(如物探、试验、地质测绘等)提交的资料和报告进行研究、汇总和系统分析,分析其互补性、互验性和相关性,找出统一于致灾地质体的内在联系和规律性,从各方面深化对致灾地质体的认识、分析和评价。

③根据地质灾害的系统观(即地质灾害系统内部的相互有机联系的原则、整体性原则、有序原则和动态原则),在详细占有和系统分析研究的基础上,对勘察任务的具体要求,应逐一地予以论述、阐明和确定,形成系统的分析研究,对本次勘察的地质灾害最终确立明确的认识和评价。

④建立本次勘察的数据库。

⑤编制基础性、专门性图件,综合性灾害工程地质图和报告所附的平、剖面图。

⑥对应提交的资料,按归档要求进行组卷、图纸折叠和案卷装订。

⑦提交数据化资料。

二、地质灾害勘察主要综合地质图的编制

(一)地质图的种类和基本内容

用规定的符号、线条、色彩来反映一个地区地质条件和地质历史发展的图件,称为地质图。它是依据野外探明和收集的各种地质勘测资料,按一定比例投影在地形底图上编制而成的,是地质勘察工作的主要成果之一。

1.地质图的种类

(1)普通地质图

以一定比例尺的地形图为底图,反映一个地区的地形、地层岩性、地质构造、地壳运动及地质发展历史的基本图件,称为普通地质图,简称地质图。在一张普通地质图上,除了地质平面图(主图)外,一般还有一个或两个地质剖面图和综合地层柱状图,普通地质图是编制其他专门性地质图的基本图件。

按工作的详细程度和工作阶段不同,地质图可分为大比例尺的(>1:25 000)、中比例尺的(1:5 000 ~ 1:10 万)、小比例尺的(1:20 万 ~ 1:100 万)。在工程建设中,一般是大比例尺的地质图。

(2)地貌及第四纪地质图

以一定比例尺的地形图为底图,主要反映一个地区的第四纪沉积层的成因类型、岩性及其形成时代、地貌单元的类型和形态特征的一种专门性地质图,称为地貌及第四纪地质图。

(3)水文地质图

以一定比例尺的地形图为底图,反映一个地区总的水文地质条件或某一个水文地质条件及地下水的形成、分布规律的地质图件,称为水文地质图。

(4)工程地质图

工程地质图是各种工程建筑物专用的地质图,如房屋建筑工程地质图、水库坝址工程地质图、铁路工程地质图等。工程地质图一般是以普通地质图为基础,只是增添了各种与工程有关的工程地质内容。如在地下洞室纵断面工程地质图上,要表示出围岩的类别、地下水量、影响地下洞室稳定性的各种地质因素等。

2.地质图的基本内容

(1)平面地质图

平面地质图又称为主图,是地质图的主体部分,主要包括:

①地理概况。图区所在的地理位置(经纬度、坐标线)、主要居民点(城镇、乡村所在地)、地形、地貌特征等。

②一般地质现象。地层、岩性、产状、断层等。

③特殊地质现象。崩塌、滑坡,泥石流、喀斯特、泉及主要蚀变现象(图6.19)。

(2)地质剖面图

地质剖面图是指在平面图上,选择一条至数条有代表性的图切剖面,以表示岩性、褶皱、断层的空间展布形态及产状、地貌特征等(图6.20)。

（3）综合柱状图

综合柱状图主要表示平面图区内的地层层序、厚度、岩性变化及接触关系等（图6.21）。

（4）比例尺

说明比例尺的大小，用数字 1：×××表示，也可用如图6.22所示的尺标表示。

图 6.19 地形地质图

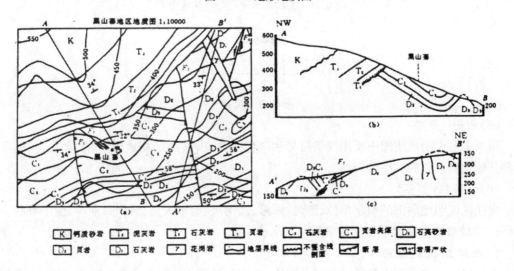

图 6.20 地质图与地质剖面图

工程名称	万州江南新区梨园景观工程						
工程编号	KC(2016)-01-0026801C[8361]				钻孔编号	2K19	
孔口高程/m	381.50	坐标/m	X=3409663.09	开工日期 2016.08.11		稳定水位深度/m 未见	
孔口直径/mm	108.00		Y=503779.25	竣工日期 2016.08.11		测量水位日期 2016.08.12	

时代成因	层底高程/m	层底深度/m	分层厚度/m	岩芯采取率/%	风化程度	柱状图 1:200	岩土名称及其特征	取样
	377.600	2.50	3.30	88 89 90			块石土:紫红色、杂色, ,松散中鹰状,主要由砂岩及砂质泥岩块碎石及粉质黏土组成。砂岩及砂质混岩块碎石含量55~65%的,块径多为5~400 cm。最大可达800 cm以上,分布不均。	
J	370.200	11.2.0	7.40	84 85 85 84 85	中风化		砂质泥岩:紫红色;主要成分为黏土矿物,含少量灰色砂质条纹、团块,泥质结构,泥质胶结,中厚层状构造,裂隙基本不发育,岩芯较完整,多呈短一长柱状,节长15~27 cm。	
	265.400	14.10	4.80	84 85 84			砂岩:灰白色,主要由石英、长石、云母等矿物成分,组成。夹少量紫色泥质团块,细粒结构,厚层状构造,钙质胶结,风化裂隙基本不发育,多层短一长柱状,节长15~29 cm。	

图 6.21　某勘察区地层综合柱状图

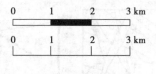

图 6.22　尺标

（5）图例

图例主要说明地质图中所用线条符号和颜色的含义,按照沉积地层层序、岩浆岩、地质构造和其他地质现象的顺序排列。

（6）责任栏（图签）

责任栏说明地质图的编制单位、图名、图号、比例尺、编审人员、成图日期等,便于查找。

（二）地质条件在地质图上的表示

1.地层岩性的表示

地层岩性在地质图上是通过地层分界线、地层年代代号、岩性符号和颜色,并配合图例说明来表示的。

（1）第四纪松散沉积层

第四纪松散沉积层形状不规则,但有一定的规律性,大多在河谷斜坡、盆地边缘、平原与山地交界处,大致沿山麓等高线延伸。

（2）岩浆侵入体的界线

岩浆侵入体的界线形状不规则，也无规律可循，需根据实地情况测绘。

（3）层状岩层的界线

①水平岩层。水平岩层的产状与地形等高平行或重合，呈封闭的曲线（图6.23）。

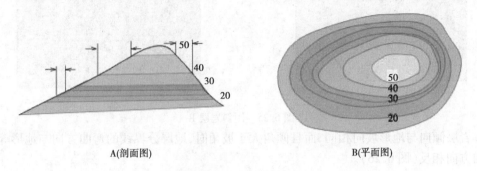

A(剖面图)　　　　　　　B(平面图)

图6.23　水平岩层

②直立岩层。直立岩层的地层界线不受地形的影响，呈直线沿岩层的走向延伸，并与地形等高线直交。

③倾斜岩层有3种不同的情况：

a. 岩层倾向与地形坡向相反时，地层界线的弯曲方向（V形法则）和地形等高线的弯曲方向相同，但地层界线的弯曲程度比地形等高线的弯曲度小（图6.24）。

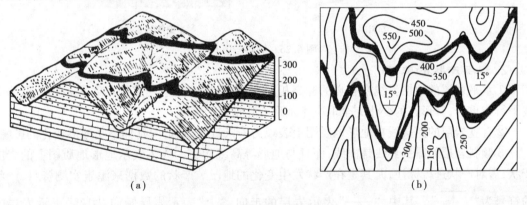

（a）　　　　　　　　（b）

图6.24　倾斜岩层 A

b. 岩层倾向与地形坡向相同，而且倾角小于地面坡角时，地层分界线的弯曲方向与地形等高线的弯曲方向相同，但地层界线的弯曲度比地形等高线的弯曲度大（图6.25）。

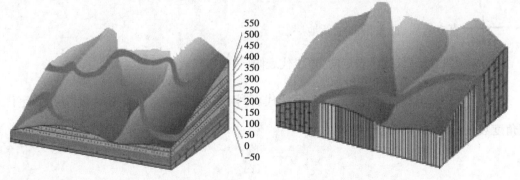

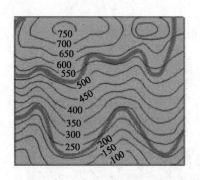 

图 6.25 倾斜岩层 B

c. 岩层倾向与地形坡向相同,而且倾角大于坡角时,地层分界线的弯曲方向与地形等高线的弯曲方向相反(图 6.26)。

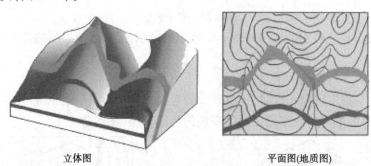

立体图   平面图(地质图)

图 6.26 倾斜岩层 C

2. 岩层产状的表示

①水平岩层的地层界线在各点的标高相同,在地形地质图上其露头界线与相邻地形等高线平行或重合,其形态的变化完全取决于地形变化情况。

②直立岩层的露头线在地形地质图上表现为一条直线,顺走向延伸不受地形变化的影响。

③倾斜岩层的露头界线是曲线,而且与地形等高线相交。为了表示地形地质图上的岩层产状,需对产状进行标注,尤其是在产状发生变化的地段。产状的数据来源于实测资料,产状的符号为" $\underset{12°}{\top}$ "。其中," —— "表示岩层的走向、" ↓ "表示岩层倾向、"12°"表示岩层的倾角。

$\dashv\vdash$ 水平岩层

$\dashv\vdash$ 直立岩层,箭头指向较新地层。

$\diagup_{30°}$ 倾斜岩层,长线代表走向、短线代表倾向,数字代表倾角的度数。

$\diagup_{30°}$ 倒转岩层,长线代表走向、弯线代表倒转后岩层倾向、箭头指向老岩层,数字代表倾角度数。

3. 岩层接触关系的表示

（1）层状岩层间的接触关系

①整合接触。在地质图上表现为两套地层的界线大体平行，较新的地层只与一个较老地层相邻接触，且地层年代连续。

②平行不整合接触（假整合接触）。在地质图上表现为两套地层的界线大体平行，较新的地层也只与一个较老地层相邻接触，但地层年代不连续。平行不整合面界线在工程地质图上与地层界线平行，用虚线"---------"表示（图6.27、图6.28）。

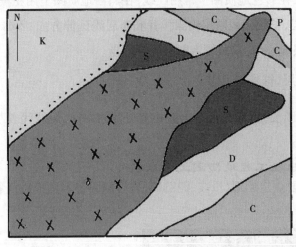

图6.27　岩层接触关系

③角度不整合接触（不整合接触）。在地质图上表现为两套地层的界线不平行，呈角度交截，一种较新的地层同多个较老地层相邻接触，产状不同，地层年代不连续。角度不整合面在工程地质图上不整合面界线与地层界线相交，下部地层界线在上部地层中断，用波浪线" "表示（图6.27、图6.28）。

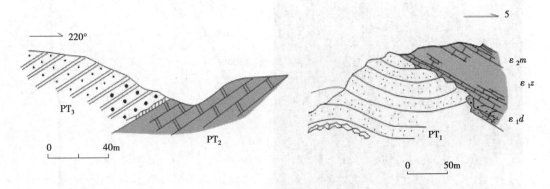

图6.28　剖面图地层接触关系

（2）岩浆岩侵入体与围岩的接触关系

①侵入接触。在地质图上表现为沉积岩的界线被岩浆岩界线截断（图6.27）。

②沉积接触。在地质图上表现为岩浆岩的界线被沉积岩界线截断（图6.27）。

4. 褶皱的表示

褶皱在地质图上主要通过地层的分布规律、年代新老关系和岩层产状综合表示出来。根据地层界线弯曲情况与地形等高线的关系,单斜岩层受地形影响的地层界线弯曲情况与地形等高线有明显的变化规律(V形法则)。褶曲构造的地层界线弯曲情况与地形等高线往往无明显的规律。根据有无褶曲轴线在地形地质图上,背斜构造一般以轴线符号"┼"表示、向斜构造用符号"┼"表示;而单斜岩层无褶曲轴线符号。

5. 断层的表示

在断层出露位置,在彩色地质图上常用红线、在黑白地质图上用粗黑线符号表示:

$25°$代表正断层,长线代表断层出露位置和断层线延伸方向,不带箭头的短线代表断层面的倾向,数字为断层面倾角,双短线为断层的下降盘。

$30°$代表逆断层,符号与上同。

$75°$代表平移断层,单箭头代表本盘相对滑动的方向,短线代表断层面倾向,度数表示断层面的倾角。

6. 不良地质现象在工程地质图上的表现

在工程地质图上要圈定崩塌、滑坡、泥石流、岩溶塌陷等不良地质现象范围,并用相应的符号、编号表示(图6.29)。

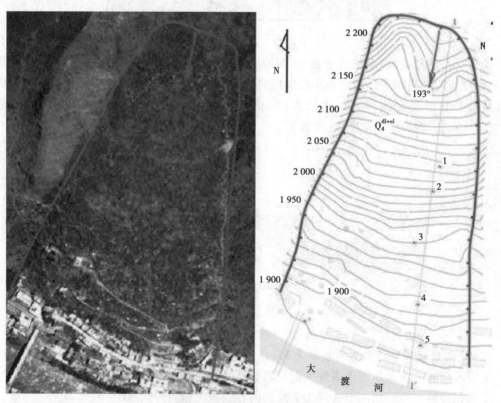

图6.29 滑坡的地形地质图

（三）阅读分析地质图－读图步骤

①比例尺。各类地质图都有一定的精度，从比例尺大小可以看出，比例尺越大，内容越详细，地质现象表达得就越清楚。同时，也可以根据比例尺，计算该图区的面积。

②图例。平面图、剖面图、柱状图的地层图例（符号、颜色、线条等）都是一致的，此外，还有构造图例（包括产状、褶皱、断裂）、地貌、自然地质作用的图例（滑坡、岩溶）等。

③地貌。了解地形起伏，山川、河流水系的分布等，并结合分析第四纪地层的分布。

④地层分布和岩性。区内出现的地层时代、岩性、产状等。

⑤构造。断层、褶皱的类型、规模、分布和性质，本区的构造线走向。

⑥不良地质。滑坡、崩塌、岩溶等。

⑦地史分析。

⑧评价。根据图内表现的地质条件，可对建筑物场地的工程地质条件进行初步评价，并可提出进一步勘察工作的意见。

（四）地质剖面图的绘制

1. 水平岩层地质剖面图的绘制方法与步骤

①选择剖面线。

②确定剖面制图比例尺。

③切制地形线。

④投绘地质界线。

⑤标注花纹、代号。

⑥整饰图件。

2. 倾斜岩层地质剖面图的绘制

在倾斜岩层地区地质图上切制地质剖面图，其作图方法大体上与水平岩层地区地质剖面图的切制方法相同，但应注意以下4个方面的问题：

①选择剖面线之前要仔细阅读和分析地质图，了解图幅内各地层的时代、层序、产状、分布及其与地形起伏和分布的关系。剖面线方向应尽可能垂直区域地层走向，且通过所有地层及地层起伏最大地段。剖面选好后需在地质图上注明位置和编号。

②地质剖面图的比例尺一般要与地形图相同，如需放大，则水平比例尺也一致放大，避免歪曲剖面地形和岩层倾角。在特殊情况下，也可只放大垂直比例尺，但要变换岩层倾角。

③当剖面线方向与岩层走向垂直或基本垂直时，剖面图上的岩层界线按真倾角绘制。若剖面线方向与岩层走向不垂直，两者所夹锐角小于80°时，剖面图上岩层界线应按视倾角绘制。

④在地质剖面图上用规定的图例将不整合明确表示出来。此外，在画角度不整合构造时，要先画不整合面以上岩层，后画不整合面以下岩层（图6.30）。

3. 褶皱地区地质剖面图的绘制

根据褶皱地区地质图切制地质剖面图的步骤和方法，与切制水平岩层及倾斜岩层地质剖面图基本相同，但需注意以下3个方面的问题：

（1）分析图区地形和构造特征

作图前应仔细阅读地质图，分析图幅内组成褶皱构造的地层，褶皱的展布方向和形态特征，次级构造、断层及岩浆活动情况，以及构造、岩性与地形起伏的关系等问题，做到心中有数。

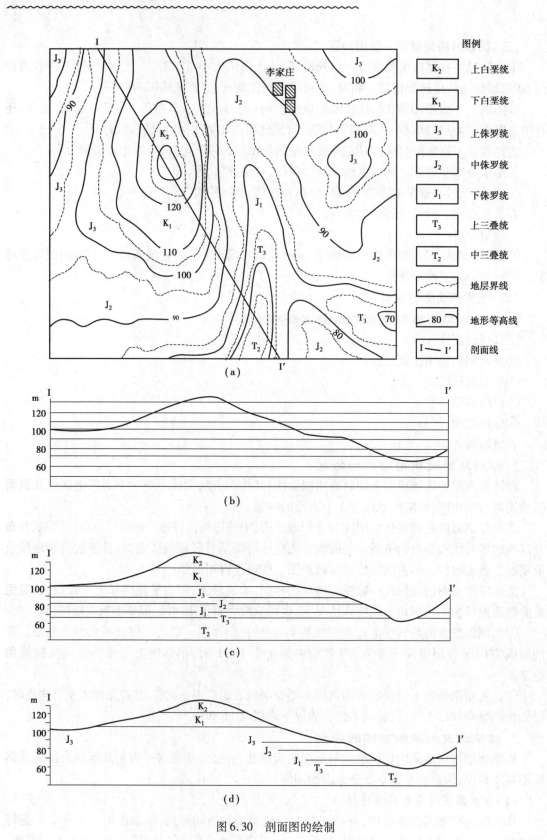

图 6.30　剖面图的绘制

（2）选择剖面线

剖面线尽可能垂直皱褶轴线方向，并通过全褶皱构造主要褶皱构造。

（3）具体绘制方法

在条件不同的情况下，褶皱地区地质剖面图的作图方法也不相同。

①当地质图上无地形等高线且褶皱岩层的厚度及产状无详细记载时，在这种情况下，地质剖面图的作图方法如下：

a. 假定地面水平，则地形剖面线可用水平线代替。

b. 在地质图上选择一层出露次数最多的地层，并以它在地质图上的最小露头宽度作为其地层的厚度。

c. 在地质剖面图上，以所选地层上层面与剖面线的交点为圆心，以它在地质图上的最小露头宽度为半径画弧，从该地层下层面分界点起引此圆弧的切线，则此切线为该地层的下层面界线。用这种方法得出该地层在剖面上所有露头点的底面界线后，再用光滑曲线将该岩层各底面界线连接起来，即画出该地层的褶皱形态。

d. 剖面上所切过的其他地层界线露头点，可按照上述褶皱形态依次勾绘出这些地层界线，即绘制出整个地质剖面（图6.31）。

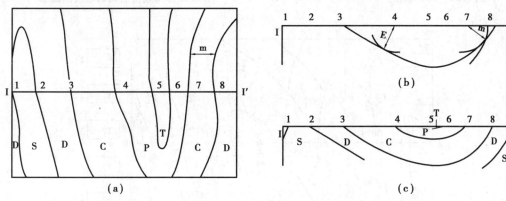

图6.31　褶皱地区地质剖面图的绘制

②当地质图上有地形等高线且岩层厚度及岩层产状均有较详细记载时，地质剖面图的编制方法与水平岩层地区及倾斜岩层地区地质剖面图的编制方法基本相同。在作图时要注意以下4个方面的问题：

a. 剖面线切过褶皱岩层，当发现褶曲一翼仅有局部地段的岩层产状不协调时，应在保持岩层厚度不变的情况下，将局部较陡或较缓的岩层向深部加以修改，使之逐步与岩层主要产状一致。

b. 当使用的地形地质图比例尺较小时，采用编构法编制地质剖面图。当使用的是大比例尺地形地质图时，可直接根据实际资料或深部的工程控制所取得的确切资料，进行编联地质界线及勾绘褶皱形态（图6.32、图6.33）。

c. 在绘制褶曲转折端时，可根据褶曲岩层产状的变化趋势来勾绘。

d. 当剖面切过不整合界线时，可在地质剖面图上先画出不整合面以上的构造形态，再画不整合面以下的构造形态，一般角度不整合界线用波浪线表示，平行不整合用虚线表示（图6.34）。

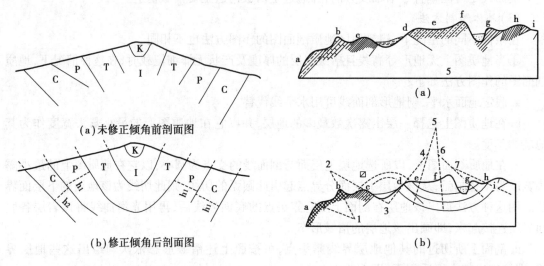

(a) 未修正倾角前剖面图

(b) 修正倾角后剖面图

图 3.32　局部岩层产状的修正

图 3.33　用编构法编制地质剖面图

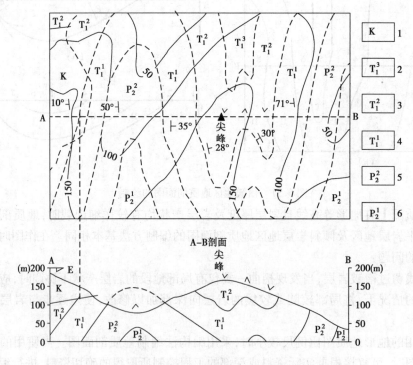

图 6.34　褶皱构造剖面图的绘制

1—泥岩；2—泥岩；3—泥灰岩；4—灰岩；5—页岩；6—砂岩

（五）地层综合柱状图的绘制

1.地层柱状图简介

按一定比例尺和图例,将工作区地层自下而上(即从老到新)把各地层的岩性、厚度、接触关系等现象,用柱状图表的方式表示出来的图件,称为地层柱状图或柱状剖面图(图6.35)。地层柱状图可分为一般地层柱状图和综合地层柱状图两类。

工程名称	万州江南新区梨园景观工程							
工程编号	KC(2016)-01-0026801C[8361]				钻孔编号	2K48		
孔口高程/m	33.70	坐标	X=3409478.27		开工日期	2016.09.18	稳定水位深度/m	未见
孔口直径/mm	108.00		Y=503669.30		竣工日期	2016.09.18	测量水位日期	2016.09.19

时代成因	层底高程/m	层底深度/m	分层厚度/m	岩芯采取率/%	风化程度	柱状图 1:200	岩土名称及其特征	取样
	322.600	4.30	4.30	64		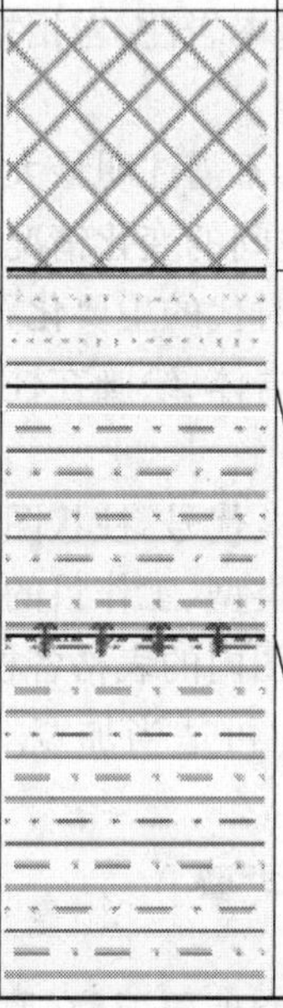	素填土;杂色;不均匀;松散~稍密;稍硬;以粉质黏土,粉土为主。夹15~25%砂岩。泥岩块碎石,块径一般为20~200mm。为修筑梯道及周边活动堆填形成,堆填时间均为3年。	
				63				
				64				
				66				
	327.200	8.00	1.90	72	强风化		粉砂岩:浅白色、浅灰色;一般呈夹层或状产出,矿物成分主要以长石、石英为主,云母次之,细中粒结构,泥钙质胶结,胶结较差,手易捏碎	
J	370.200	10.00	4.00	73			砂质泥岩:紫红色;主要成分为黏土矿物,泥质结构,泥制胶结,中厚层状构造,裂隙发育。岩芯较破碎,多呈碎块状,少量短柱状	
				72				
				71				
	265.400	15.80	5.80	84	中风化		砂质泥岩:紫红色;主要成分为黏土矿物,含少量灰色砂质条纹、团块,泥质结构,泥制胶结,中厚层状构造,裂隙基本不发育,岩芯较完整,多呈短一长柱状,节长15~24 cm	
				84				
				85				
				84				

图6.35　地层柱状图

（1）一般地层柱状图

一般地层柱状图习惯上简称为地层柱状图。它是一种原始地质图件,是根据一口钻井或一条地层剖面所确定的地层层序、地层厚度、岩性特征等资料编制的。编制时应注意以下事项:

①应严格反映地层的生成顺序,在地层柱状图上严格按上新下老的顺序,按时代逐层绘制。

②按比例尺要求在图上厚度达1 mm的岩层,原则上均应反映出来;对矿层、标志层或具有其他重要意义的岩层,即使在图上其厚度小于1 mm,也应适当夸大给予表示,对于重要性不大、岩性相仿的岩层,可适当进行归并,对一些岩性单一、厚度极大的岩层,可用省略符号适当缩短其在柱状图上的长度(图6.37第1层所示)。

③在柱状图上,地层的接触关系必须用规定的符号清楚地表示出来。国际统一规定以"－－－－－"表示整合接触,"－－－－－－－－－"表示假整合接触和"＿＿＿＿"表示不整合接触。

④地层剖面中如果有岩浆岩时,岩体与围岩的接触关系及岩浆活动的时代等,是否应反映出来,可视情况而定,如任务是研究地层,且没有影响地层的厚度时则可以不表示;在钻孔柱状图等图件中,必须表示。

（2）综合地层柱状图

综合地层柱状图是一种综合性图件。它是根据整个工作地区若干个钻井或若干条地层剖面资料,经过综合整理后而编制成的,是工作区内地层、岩性特征、厚度变化、岩相、古生物的变化等情况的总结,是区域地质资料的重要组成部分。这种图件有助于对该区地壳运动、岩浆活动及地质发展史的恢复。

综合地层柱状图的绘制方法与一般地层柱状图的绘制方法基本相同,但其各项内容均有综合色彩,故编图时除上述外,还需注意以下问题:

①在柱状图上,不仅要表明各地层的基本岩性、岩相特征,而且要在文字中阐明其变化;对水文地质情况、含矿性等,应设专栏描述。

②除在地层厚度栏内标注平均厚度外,不需注明最大和最小厚度,反映区内厚度的变化范围;在岩性描述时还应阐明各地层厚度在空间的变化情况与变化规律。

③在化石一栏中要详细列出确定地层时代的主要化石名称。

④必须用规定符号将区内出露的岩浆岩体,绘画在柱状图相应的位置上。

2. 地层柱状图的格式

地层柱状图应包括地层年代、地层名称、代号,柱状图（地层柱或岩性柱）、地层厚度、地层分层号、岩性描述等项目。另外,根据图幅类型、工作目的、任务的不同,还可列出地层分布、化石名称、水文地质、工程地质等栏目。柱状图内的表格各栏目的宽度应按内容多少而定。地层柱的宽度一般为 2 ~ 3 cm,若地层厚度大时可适当加宽。分层号一栏应自下而上统一编号。综合地层柱状图的格式,如图6.36所示。

3. 编制综合地层柱状图的方法与步骤

（1）整理该区地层资料

地层资料可通过搜集或实测获得。研究地层层位、厚度、岩性特征及其变化,做好并层和统一进行编号等工作。

（2）选取比例尺

根据工作的精度和地层总厚度,选择适当的比例尺。再按工作任务定出应表示的内容栏目,设计表格宽度,画好图框、表格纵线和图头。

（3）柱状图长度确定

据地层总厚度按比例尺截取柱状图的长度,再从上至下或从下至上,逐层按累加厚度进行分层,并标注各单层厚度。此时,应考虑到需省略、夸大与合并等地层的位置。如果柱状图顶层为厚度较小的地层时（如第四系）,为填写地层单位,可在该层上方适当地留空,如图6.36第19层所示。

在编绘图件的过程中,要求做到内容准确、布局合理、线条清楚、字体工整、图面清洁美观。

（4）接触关系确定

用规定符号在柱状图上表示各地层的接触关系。

工程名称	万州江南新区梨园景观工程							
工程编号	KC（2016）-01-0026801C［8361］			钻孔编号	**ZK75**			
孔口高程/m	334.50	坐标	X=3409329.00	开工日期	2016.09.21	稳定水位深度/m		未见
孔口直径/mm	108.00		Y=503650.94	竣工日期	2016.09.21	测量水位日期		2016.09.22

时代成因	层底高程/m	层底深度/m	分层厚度/m	岩芯采取率/%	风化程度	柱状图 1:200	岩土名称及其特征	取样
	332.799	1.30		64		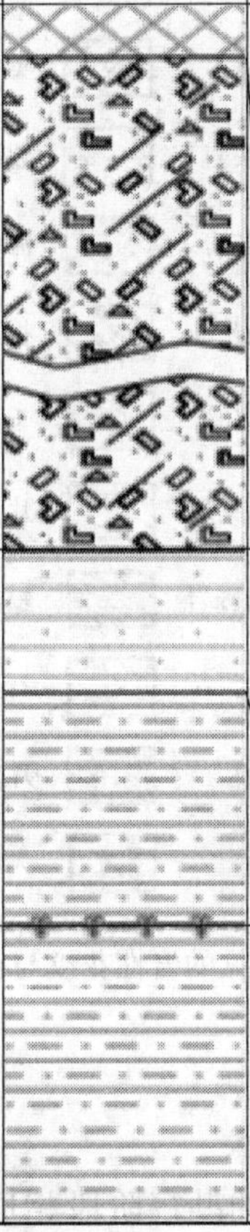	素填土：杂色；不均匀；松散~稍密；稍硬；以粉质黏土，粉土为主。15%~25%砂岩。泥岩块碎石，块径一般20~200 mm。为修筑梯道及周边活动堆填形成，堆填时间均为3年	
				65				
				90				
				89			块石土：紫红色、杂色，，松散中鹰状，主要由砂岩及砂质泥岩块碎石及粉质黏土组成。砂岩及砂质混岩块碎石含量55%~65%的，块径多为5~400 cm。最大可达800 cm以上，分布不均	
				90				
				91				
				89				
				90				
				89				
	310.400	23.00		91				
J				73	强风化		砂岩：黄色，主要由石英、长石、云母等矿物组成周部夹少量紫色泥质团款细胶结构，厚层状构造，钙质胶结，风化裂隙发育，岩心破碎，多呈碎块状，少量短柱状	
	307.000	27.00	3.40	72				
				73			砂质泥岩：紫红色：主要成分为黏土矿物，泥质结构，泥制胶结，中厚层状构造，裂隙发育。岩芯较破碎，多呈碎块状，少量短柱状	
				72				
		32.50	5.50	72				
				84	中风化		砂质泥岩：紫红色；主要成分为黏土矿物，含少量灰色砂质条纹、团块，泥质结构，泥制胶结，中厚层状构造，裂隙基本不发育，岩芯较完整，多呈短~长柱状，节长15~21 cm	
				85				
				84				
	294.50	39.50	7.00	85				

图6.36　沙岗地区地层综合柱状图

（5）花纹图案

用规定的花纹与符号（图6.37）在柱状图上逐层填注其岩性与化石。标注岩浆岩时应注意侵入岩与喷出岩有所不同，前者按其产状绘于相应地层的边缘，而后者则与一般地层接触关系画法相同。

（6）标注与描述

标注地层单位、地层名称、地层代号、岩性描述等栏目。岩性描述一栏要求简要地描述岩石特征，包括颜色、层厚、岩石名称、结构、构造、化石、矿产等。

（7）其他

标注图名与比例尺，置于图框正上方。在图框右下方绘制责任表，注明资料来源、编图者姓名和编图日期等。在图框左下方绘制工区位置图并表示各剖面位置。

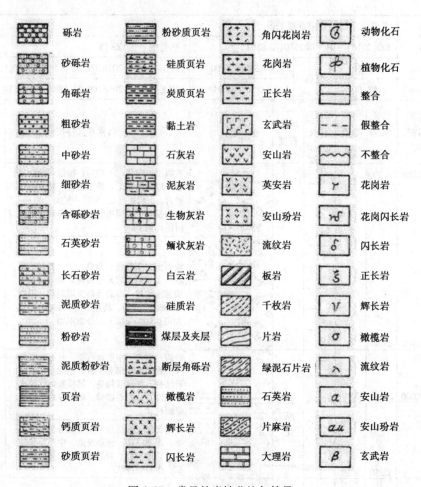

图 6.37　常见的岩性花纹与符号

三、地质灾害勘察报告的编写

（一）地质灾害勘察报告编制的一般要求

①报告的类别应与不同种类地质灾害的勘察阶段相适应,即每个勘察阶段都要编写相应的地质勘察报告。当需要进行详细勘察时,控制性勘察报告应包含详细勘察设计内容。

②勘察报告内容应简明扼要,逻辑性、系统性要强。对勘察任务提出的具体要求应逐一清楚地予以阐述和论证,要有翔实的资料和系统的分析,不能简单地罗列结论性的意见和结论,报告重点要突出,结论要明确,对存在的工程地质问题和其他问题应明确提出并予以详细论述。报告内容与图件、各图件之间均应吻合或一致,应充分利用插图、插表、照片等说明地质现象和问题。

③勘察报告的文字、术语、代号、符号、数字、计量单位、标点,均应符合国家有关标准的规定。

④勘察单位资质证书、勘察人员资格证书、勘察委托书(或技术要求书)、勘察合同书、经审查通过的勘察设计书、勘察单位自审意见书及影像资料应作为附件随报告提交。

⑤勘察报告应包括书面报告和数字化报告。

⑥对不同致灾地质体的勘察应分别提交勘察报告。当几个致灾地质体距离很近、条件相似且规模不大时,勘察成果可以一个报告的形式提交。

⑦地质灾害防治工程勘察报告中剖面图的水平、垂直比例尺应一致。

(二)崩塌灾害勘察报告的编写内容(参考提纲)

文字部分:

第1章　序言

(1)崩塌灾害发生发展过程、历史,致灾地质体概况,已发生的灾情概况和灾情预评估概况,简述勘察的必要性。

(2)本区前人工作概述。

(3)任务来源,任务的主要内容和要求。

(4)勘察设计书的编制、提交与审查概况。

(5)合同名称及签订时间和主要要求。

(6)本次勘察的承担单位、参加单位、单项勘察项目名称、单位承担的任务。

(7)本次勘察的起止时间、完成的主要工作内容和主要工作量(表)。

第2章　区域自然地理——地质环境

(1)崩塌所在地区的自然地理、水文气象、(有价值的)自然景观、人文景观、交通运输、人类工程活动及其远景规划。

(2)区内的地层岩性,地形地貌、地质构造、新构造运动、地震、水文地质、岩溶、外动力地质现象及其发育规律。

第3章　危岩－崩塌体结构特征

(1)危岩－岩崩体概况。

(2)危岩－崩塌体结构。

第4章　危岩－崩塌体工程地质环境特征

(1)危岩-崩塌体地表水入渗及产流情况。

(2)危岩-崩塌体地下水特征。

第5章　危岩-崩塌体变形特征

(1)变形发育史。

(2)宏观变形形迹。

(3)监测资料及分析。

(4)崩塌体区段划分。

第6章　崩塌运移斜坡及崩塌堆积体

(1)先期崩塌的运移及堆积。

(2)预测崩塌的运移和堆积。

第7章　周围地质环境体特征

(1)按其产出位置和地质单元,分别论述崩塌体周边的岩土体和底界以下的岩土体,阐述它们自身的稳定性及存在的问题,阐述它们与崩塌体相互的依存关系。

(2)阐述初步选择的持力岩(土)体的位置、岩性,岩(土)体结构、自身的稳定性和在工程荷载作用下的稳定性。

第8章 物理力学试验与地质力学模拟试验

（1）测试对象的选择与测试工作的布置。

（2）测试项目、测试方法、测试条件的选择。

（3）试验要求及有关规范。

（4）试验技术及试验过程的概述。

（5）试验成果分析。

（6）试验成果（如力学参数等）建议值。

（7）地质力学模拟试验。

第9章 稳定性评价

（1）崩塌体稳定性的变形发育史地质分析。

（2）崩塌灾害变形破坏机制。

（3）岩体稳定性结构分析法。

（4）类比分析。

（5）极限平衡计算与数值模拟。

（6）动态监测分析。

（7）稳定性综合评价。

第10章 崩塌灾情预评估

（1）崩塌灾害的危险性分析。

（2）综合勘察资料。确定崩塌灾害可能产生的最大崩塌规模、崩塌块石运动途径和运动特征，计算崩塌块石最大运动距离、最终划定崩塌的灾害范围。

（3）分析论证由崩塌灾害所派生灾害的类型（如涌浪、断航、冲击形成滑坡、堆积体形成泥石流、破坏水利设施等）、规模，确定其成灾范围。

（4）灾情预评估。

第11章 崩塌灾害防治工程可行性论证

（1）成灾的可能性与必然性。

（2）灾情损失。

（3）防治工作的可行性。

（4）防治效益论证。

（5）防治工作必要性决策综合论证。

结语

简明扼要列出本次勘察取得的主要成果、主要结论和尚未解决的主要问题。

一般附图、附表：

（1）崩塌区工程地质图（附剖面图）。

（2）崩塌区水文地质图（附剖面图）。

（3）地下水等水位线图。

（4）地下水埋深等值线图。

（5）崩滑面等高线图。

（6）崩塌监测点分布及位移矢量图（附剖面图）。

（7）崩塌灾害危险区分布图。

（8）崩塌派生灾害危险区分布图。

（9）崩塌灾害防治方案布置图（附剖面图）。

（10）重要平斜硐、竖井素描图。

（11）代表性物探成果图。

（12）地下水水位动态观测曲线图。

（13）试验成果汇总表。

（14）其他。

附件：

（1）勘察任务书。

（2）勘察设计及审批意见。

（3）地震部门的地震烈度区划和场址地震烈度鉴定书。

（4）其他文件、有关的重要会议纪要。

（5）设计变更通知书。

（6）重要的单项勘察报告和成果（如物探报告、试验成果、模型试验报告、计算成果、监测报告等）。

（7）野外素描图、照片集。

（8）其他。

（三）滑坡灾害勘察报告的编写内容（参考提纲）

文字部分：

<h2 style="text-align:center">第1章　序　言</h2>

（1）项目的来源，立项的依据，上级主管部门下达的任务。

（2）勘察工作述评。前人工作研究程度，本次工作采用的勘察手段，已完成的勘察工作量及工作质量评述。

<h2 style="text-align:center">第2章　区域地理地质环境概况</h2>

（1）滑坡所在区的自然地理、社会、经济及资源开发状况。

（2）区域地质环境概况。地层、构造、水文地质、岩土体工程地质性质、有利于形成滑坡的自然的及人为的因素。

<h2 style="text-align:center">第3章　滑坡特征</h2>

滑坡特征、形成条件及影响因素（自然的与人为的）。

<h2 style="text-align:center">第4章　滑坡稳定性计算与评价</h2>

滑坡形成机理、滑坡稳定性分析、计算方法与公式的选择。定性与定量评价，滑坡目前的危险程度，未来的发展趋势及其可能造成的危害。

<h2 style="text-align:center">第5章　防治方案论证</h2>

（1）灾情调查与评估。

滑坡灾害的历史及现状，调查该区过去的、现在的灾情，人员伤亡及经济损失（评估）。

（2）实施滑坡防治工程的必要性论述。

（3）主要防治工程方案选择与推荐。

结论

总结滑坡的类型、性质、规模、特征及其形成机理，稳定性现状及其发展趋势、治理的必要性及推荐方案,存在问题及对进一步工作的建议。

附图:

可根据勘察工作的目的与任务,结合滑坡区的具体情况,必须编制或选择编制或合并编制以下图件:

(1)实际材料图。

(2)滑坡区勘察工作布置图(必须编制)。

(3)区域地质图或滑坡区地质图。

(4)滑坡区工程地质图(必须编制)。

(5)滑坡区水文地质图。

(6)滑坡区地面变形及动态观测布置图(可与滑坡区工程地质图结合缩制)。

(7)典型钻孔(竖井)综合地质柱状图(至少编制1幅图)。

(8)滑坡纵(主轴)剖面图(至少编制1幅图)。

(9)滑坡横剖面图(至少编制1幅图)。

(10)滑坡区变形观测及地下水动态观测曲线图。

(11)滑坡稳定性计算评价图。

(12)必要的钻探、物探、坑探、硐探剖面图。

(13)遥感解译图。

附表:

勘察工作过程中搜集和获得的全部原始测试数据,计算过程的中间结果和最终结果,均应系统整理、列表、装订成册。与报告内容直接相关的,应作为报告的附表。

(1)岩、土、水样化学成分(含同位素),水理性质,物理-力学性质试验成果汇总表。

(2)滑坡区地表、地下变形及地下水动态观测成果表。

(3)钻孔、竖井、坑道(平硐)综合试验成果表。

(4)稳定性计算参数及计算结果表。

附件:

凡与勘察报告内容有密切关系,而报告中又未详细论述的遥感、物探、钻探、硐探、坑(槽)探专题报告,试验报告,以及反映滑坡全貌、微地貌特征、成因、类型、灾情的典型照片,录像片,航空照片,卫星照片等,均应作为报告附件提交。

(四)泥石流灾害勘察报告的编写内容(参考提纲)

文字部分:

前　言

(1)勘察工作的目的与任务。

(2)勘察区位置及社会经济概况:所在行政区域,勘察区范围面积、地理坐标;勘察区人口和社会经济主要指标,近、远期规划,勘察区交通条件。

(3)前人工作程度:对前人已作的地形测量、地质测绘,防治工程等资料的可利用程度进行简要评估。

(4)本次勘察工作:勘察工作经历的时间,投入技术人员、机具设备的数量。完成工作量包括航片解译面积、地形地质测绘面积(各种比例尺),钻探总进尺(钻孔数),轻型山地工程量(坑、槽、硐数量及土石方量),物探工作量(剖面线长度),野外试验工作量,室内岩、土、水样品测试数量。

第1章　自然环境概况

（1）地形地貌：山脉水系的分布，沟域地形最高和最低处的标高，地面坡度，地形起伏切割情况，主要山脉名称走向。山脊高程，主要沟谷名称、比降。沟域所处地貌单元，地貌成因类型及特征等。

（2）地层：地层，岩石性质、产状、结构、风化程度等。第四纪沉积物成因类型、岩性、时代划分及分布规律等。

（3）地质构造：沟域所处地质构造单元，主要构造类型及其与区域大地构造的关系，概略描述主要构造的特征，新构造活动迹象。

（4）气象水文：所属气候区，气候类型，降水量，蒸发量，气温，绝对和相对湿度等。主要河流及支流名称，发源地，分水岭，集雨面积。流向、流量，丰枯水期时间，含砂量，冰冻等情况。

（5）人文、社会经济状况及泥石流灾害史。

第2章　泥石流发育特征

（1）泥石流沟的判别及危险度的划分。

（2）泥石流类型及分布：沟域主沟和各支沟中属于泥石流沟的名称，各沟泥石流类型，泥石流形成区、流通区和堆积区（段）的分布范围。

（3）泥石流形成条件：主沟和支沟泥石流的主要物源区、物源类型、物源量、补给泥石流的方式，一次补给量和影响物源区松散固体勃质积累的因素；主要水源区、降雨径流量、其他水源补给量和来水时间季节。泥石流沟道地形宽窄变化、陡缓变化对泥石流水砂混合、流动、阻塞和分离堆积的控制作用。

（4）泥石流触发因素，泥石流发生与暴雨、地震及强烈人类活动的关系，泥石流发生的临界雨强，泥石流发生的地震烈度等。

（5）典型泥石流过程：描述观测较详细的一次泥石流形成、运动、成灾的全过程。

第3章　泥石流危害

（1）危害范围：历次泥石流及其次生洪水灾害的影响范围、面积。资料齐全时，可划分各次泥石流的危害范围和面积，说明范围的边界位置、危害范围内的地形特点，标高等。

（2）危害对象：危害范围内社会经济目标（人口、企事业经济体所属土地、房产、设备等，自然景观和人文遗产等）遭受历次泥石流损害的过程、危害程度和损失量。

（3）危害方式：泥石流对危害对象的破坏方式，冲刷、淤埋、淹没等。各危害方式分布地段、危害严重程度（损失量和损失修复困难程度）。

（4）历次泥石流灾害损失：分别对危害对象统计人、财、物的损失量，多年总损失量，逐年损失量的变化情况。

第4章　泥石流流体特征

（1）泥石流流体容重：简述泥石流容重的观测计算方法，评价计算结果的可靠性。

（2）泥石流峰值流量：简述所选典型观测或计算断面的位置，选用计算方法，绘制泥石流流量过程曲线，分析计算值的可靠性。

（3）泥石流峰值流速：简述观测或计算断面上平均流速和块石流速的计算公式，分析计算结果的合理性，根据观测值，提出修正建议值。

（4）泥石流一次最大冲出量：简述计算公式、参数选取依据，评价计算结果的合理性。

第5章　泥石流及其危害的发展趋势

（1）泥石流发展趋势：物源的积累速率、植被破坏的速率、人口增长的速率及对沟域资源的需求程度，泥石流触发因素（暴雨、地震等）的准周期性，泥石流活动周期（暴发频率），目前泥石流所处发育阶段。

（2）危害的发展趋势：泥石流规模增大造成的危害区扩大范围，危害区重要设施的新建，人口增多，潜在社会经济价值的增大，泥石流可能灾损度提高。可能损失的大小。

第6章　泥石流防治对策

（1）防治目标：需要进行保护的目标，保护范围，保护期限，保护措施的安全度（防治标准）。

（2）防治指导思想：以避让为主。局部防治为主或综合防治。

（3）防治措施：近期防灾措施、应急防治工程、防治总体规划。

第7章　结论及建议

（1）主要结论：泥石流类型、规模、危害程度、发展趋势。

（2）建议：下阶段勘察中要解决的主要问题，防治对策建议。

附图：

（1）泥石流发育特征图

比例尺1∶10 000～1∶50 000，范围包括完整的沟域及危害区。在地形、地质测绘资料的基础上，概略反映形成泥石流的环境地质条件，重点标绘泥石流形成区（段）、流通区（段）和堆积区（段）的范围，补给泥石流的主要物源类型，在坡沟中的分布位置，松散固体物质量，补给地段和补给方式。标注各实测纵、横削面位置，各试验、取样点位置。

（2）泥石流危害特征图

比例尺1∶1 000～1∶10 000，范围包括整个危害区。标绘危害区范围界线、各企事业单位名称、各类主要建筑物设施名称、重要风景名胜点位置、交通线、桥梁、河道设施。简要说明对各类设施、人口等的数量、作用、价值、重要性进行简要说明。

（3）泥石流防治工程规划图

比例尺1∶10 000～1∶50 000，范围包括沟域及被保护区。标绘防治工程建筑物位置，结构类型，工程任务指标。主要工程结构断面可作镶图。

（4）泥石流防治生物规划图

比例尺1∶10 000～1∶50 000，范围包括沟域及被保护区。标绘现有林业地类型分片界线。规划林草区、片、带范围，规划林草地面积，主要树种等。

（五）岩溶塌陷灾害勘察报告的编写内容（参考提纲）

文字部分：

前　言

（1）勘察的目的与任务。

（2）勘察区位置及社会经济概况。

（3）前人工作程度。

（4）勘察工作过程：包括勘察项目、技术手段及工作量、人员组成、经历时间、提交的成果资料。

（5）勘察工作取得的主要成果。

第 1 章　岩溶塌陷的环境地质条件

(1)自然地理概况：包括地形地貌、气候、水文等。

(2)地质构造概况：包括基岩与第四纪的地层岩性、地质构造、地震与新构造运动特征等。

(3)岩溶与水文地质概况：包括岩溶发育与分布规律，水文地质条件及水文地质单元划分等。

第 2 章　岩溶塌陷的发育现状及危害性

(1)岩溶塌陷的成因与类型。

(2)岩溶塌陷的发育过程与分布现状。

(3)岩溶塌陷的形态特征。

(4)岩溶塌陷的时空动态特征。

(5)岩溶塌陷的危害性：包括人员伤亡、直接与间接经济损失、社会影响等。

第 3 章　岩溶塌陷的形成条件与典型实例解剖

(1)岩溶发育特征与岩溶发育程度分区。

(2)第四纪岩性结构特征与第四纪厚度变化。

(3)岩溶水文地震结构与补逐排条件：包括水文地质单元及岩溶水系统分布，主径流带位置及水动力特征，岩溶地下水位及其与基岩面的关系，第四纪"天窗"发育与分布特征及其与岩溶地下水的水力联系。

(4)岩溶塌陷的地质模式及其分布。

(5)典型实例解剖。

第 4 章　岩溶塌陷的动力因素

(1)自然动力因素对塌陷的影响，包括气候、水文等因素。

(2)人为动力因素的影响，包括抽水、排水、人为渗漏、爆破振动等因素。

第 5 章　岩溶塌陷的模拟试验及塌陷机理分析

(1)岩溶塌陷的模拟试验。

(2)土层的渗透变形试验。

(3)塌陷的机理及临界条件。

第 6 章　岩溶塌陷的评价和预测

(1)地质分析的定性评价。

(2)半定量评价，如有条件可应用 GIS 方法。

(3)综合评价预测。

第 7 章　岩溶塌陷的监测预报和预警系统

(1)监测预报系统。

(2)预警系统。

第 8 章　岩溶塌陷防治方案的可行性论证及防治措施建议

(1)防治方案及其可行性。

(2)防治措施建议。

(3)结论与建议。

附图：

1)岩溶塌陷发育现状图

主要反映内容:(1)岩溶塌陷的成因、类型与规模;(2)岩溶塌陷形成的条件;(3)主要的动力因素,如抽、排水点等。

2)岩溶塌陷评价预测分区图

反映评价预测所选用的主要因素及评价预测分区。

3)岩溶塌陷防治工程规划图

反映防治方案及所建议的防治措施的布置。

还应根据需要编制反映岩溶塌陷形成条件的基础性图件及各影响因素的分析性图表。可利用计算机进行数据处理和缩图。

1)基础性图件

(1)基岩地质图。

(2)第四纪岩性结构及厚度分布图。

(3)碳酸盐岩层组类型及岩溶发育程度分区图。

(4)岩溶水文地质图。

(5)岩溶地下水及第四纪潜水不同季节等水位线图。

(6)地貌及岩溶塌陷(包括土洞)分布图。

(7)工程建筑设施及土地利用分布图。

(8)地下水开发利用及降落漏斗分布图。

上述内容图件可根据具体情况增减或归并。

2)分析性图表

(1)岩溶塌陷形成条件分区图或地质模式分布图。

(2)岩溶塌陷与第四纪岩性结构、厚度、岩溶、构造、地下水位、含水层结构等关系的单因素分析图表。

(六)塌岸灾害勘察报告的编写内容(参考提纲)

文字部分:

a.前言,包括任务由来、勘察目的和任务,规划概况、勘察工作概况、前人研究程度、执行的技术标准、完成的主要实物工作量及勘察质量评述。

b.勘察区的自然地理概况,包括地理位置、交通、气象、水文、社会经济概况。

c.岸坡地质环境,包括地形地貌、地层岩性、地质构造与地震、不良地质现象、水文地质特征、岩土物理力学性质、斜坡岩土体自然稳态坡角。

d.岸坡分段及各段地质特征。

e.塌岸预测与评价,包括塌岸类型、特征及影响因素、塌岸预测方法、主要地质参数、预测结果、监测成果分析、塌岸评价。

f.天然建筑材料(视需要确定)。

g.塌岸防治效益评价,包括经济效益、社会效益和环境效益。

h.结论与建议。

附图:

a.岸坡地质图(1:500～1:2 000)。

b.岸坡地质剖面图(1:200～1:500)。

c.钻孔柱状图(1:50～1:200)。

d. 探井、探洞、探槽展视图(1∶50～1∶200)。

e. 土层等厚线图(1∶500～1∶1 000)。

f. 基岩面等高线图(1∶500～1∶1 000)。

g. 地下水等水位线图(一般为1∶500～1∶1 000,视需要而定)。

附件:

a. 测试报告。

b. 物探报告。

c. 计算成果图表。

d. 监测报告。

参考文献

[1] 中华人民共和国国土资源部. 滑坡防治工程勘察规范: DZ/T 0218—2006[S]. 北京: 中国标准出版社, 2006.

[2] 中华人民共和国国土资源部. 滑坡防治工程设计与施工技术规范: DZ/T 0219—2006[S]. 北京: 中国标准出版社, 2006.

[3] 中华人民共和国国土资源部. 泥石流灾害防治工程勘测规范: DZ/T 0220—2006[S]. 北京: 中国标准出版社, 2006.

[4] 中华人民共和国国土资源部. 崩塌、滑坡、泥石流监测规范: DZ/T 0221—2006[S]. 北京: 中国标准出版社, 2006.

[5] 中国地质调查局. 泥石流灾害防治工程设计规范: DZ/T 0239—2004[S]. 北京: 中国标准出版社, 2004.

[6] 中国地质调查局. 固体矿产勘查原始地质编录规程: DZ/T 0078—2015[S]. 北京: 中国标准出版社, 2015.

[7] 《工程地质手册》编委会. 坡崩塌泥石流灾害调查规范(1: 50 000): DZ/T 0261—2014[S]. 4版. 北京: 中国建筑工业出版社, 2017.

[8] 刘传正. 地质灾害勘查指南[M]. 北京: 地质出版社, 2000.

[9] 杨进友. 浅析矿山地质灾害的类型及防治措施[J]. 能源与节能, 2011(10): 54-55.

[10] 韦冠星, 林建格. 工程勘察钻孔原始地质编录及常见的问题[J]. 大众科技, 2009(2): 85-86.

[11] 郑胜章, 王智明. 浅谈岩土工程勘察工作中的地质编录[J]. 西部探矿工程, 2004, 16(12): 69-70.

[12] 付国文. 地质灾害治理工作中的问题及改进方法[J]. 世界有色金属, 2017(19), 208-209.

[13] 段蓉. 关于如何做好地质灾害详细调查工作的探讨[J]. 世界有色金属, 2017(19): 213, 215.

[14] 陈小亮. 基于GIS的县市地质灾害防治与区划探讨[D]. 成都: 成都理工大学, 2006.

[15] 周建, 徐乃学. 浅谈如何做好地质灾害详细调查工作[J]. 世界有色金属, 2017(21): 181-182.

[16] 刘小平, 赵有美. 对如何做好地质灾害详细调查工作的探讨[J]. 建材与装饰, 2018(11): 248.

[17] 林永生. 矿山地质灾害的主要类型及其防治[J]. 科技资讯, 2012, 9(1): 241.